国家"双高"建设新形态教材

工业机器人装调与维护

主　编　李　琦　杜　冰

副主编　曹　智　王　焜

主　审　赵文超

U0285510

哈尔滨工程大学出版社

Harbin Engineering University Press

内 容 简 介

本书共分六个项目,主要介绍认识工业机器人、ABB 工业机器人硬件连接、工业机器人机械安装、工业机器人电气安装调试、工业机器人安全使用、工业机器人维护保养。本书内容体现了高职高专教育改革的方向,以培养技术岗位人员的综合能力为中心,淡化理念、强化应用。

本书可作为中高职院校工业机器人、机电一体化等相关专业的教材,也可作为工业机器人领域技术人员的参考资料。

图书在版编目(CIP)数据

工业机器人装调与维护 / 李琦,杜冰主编. —哈尔滨:哈尔滨工程大学出版社,2023.6
ISBN 978-7-5661-3941-2

Ⅰ. ①工… Ⅱ. ①李… ②杜… Ⅲ. ①工业机器人-设备安装②工业机器人-调试方法③工业机器人-维修
Ⅳ. ①TP242.2

中国国家版本馆 CIP 数据核字(2023)第 098764 号

工业机器人装调与维护
GONGYE JIQIREN ZHUANGTIAO YU WEIHU

选题策划	雷 霞
责任编辑	刘海霞
封面设计	李海波

出版发行	哈尔滨工程大学出版社
社 址	哈尔滨市南岗区南通大街 145 号
邮政编码	150001
发行电话	0451-82519328
传 真	0451-82519699
经 销	新华书店
印 刷	黑龙江天宇印务有限公司
开 本	787 mm×1 092 mm 1/16
印 张	8.5
字 数	201 千字
版 次	2023 年 6 月第 1 版
印 次	2023 年 6 月第 1 次印刷
定 价	30.00 元

http://www.hrbeupress.com
E-mail:heupress@ hrbeu.edu.cn

前　　言

近年来,随着科学技术的发展,工业机器人技术日新月异,从技术发展趋势看,其正在向智能化和多样化方向发展。未来工业机器人将应用到更多的行业领域。国际机器人联盟预测:为了使生产体制更加灵活,以及应对大量生产所需消费品的需求增长,今后工业机器人数量仍将保持2位数增长。

本书根据高等职业院校工业机器人专业的教学要求,并结合工业机器人技能鉴定标准编写,在编写过程中,充分考虑了工业机器人装调与维护初学者的实际需求。

本书包括认识工业机器人、ABB工业机器人硬件连接、工业机器人机械安装、工业机器人电气安装调试、工业机器人安全使用、工业机器人维护保养六个项目。

本书以ABB工业机器人为载体,通过对其进行安装调试来引导学生掌握相关知识与技能。学生通过学习,可以掌握ABB工业机器人装调与维护基本方法,为考取工业机器人操作与运维1+X证书打下基础。

本书配有课件、综合测试答案等资源,读者可到出版社微信公众号下载。本书亦配有教学资源,以二维码的形式呈现在各模块开头,读者可用移动终端扫码播放。

本书由渤海船舶职业学院李琦、杜冰主编,曹智、王焜副主编,王巍等参编;北京华航唯实机器人有限公司赵文超主审。其中李琦对整套图书的大纲进行了多次审定、修改,使其符合实际工作需要,并编写了项目五中的任务三;杜冰编写了项目二、四、六及项目一中的任务一;曹智编写了项目五中的任务一;王焜编写了项目一中的任务二、三及项目三;王巍编写了项目五中的任务二;锦西化工研究院有限公司高大勇参与了教材的修改及视频录制工作。

限于编者学识水平,书中难免存在不足之处,敬请广大读者批评指正。

编　者
2023年1月

目　　录

项目一　认识工业机器人

　　制造业是实体经济的主体,也是国民经济的脊梁,更是国家安全和人民幸福安康的物质基础。目前,我国制造业的创新能力、整体素质和竞争力与发达国家相比仍有明显差距。全力推进"中国制造"向"中国智造"和"中国创造"转变,是新时期我国制造业着力实现的重大战略目标。随着"三个强国、两个一流"战略部署的深入推进,工业机器人在智能制造大环境中发挥着越来越重要的作用,并将对未来相关产业动态、市场格局和工作方式带来前所未有的影响。立足于世界"百年未有之大变局"的时代背景,我国机器人高端技术应用人才缺口估计为 20 万人,且每年仍以 20%~30% 的速度增长。因此,面向新经济发展需要、制造强国战略需求、制造业战略结构调整,开展新兴、新型工科专业紧缺人才培养迫在眉睫。

　　工业机器人(industrial robot)是指面向工业领域的多关节机械手或多自由度机器人,是一种模拟人手臂、手腕和手功能的机电一体化装置,可对物体运动的位置、速度和加速度进行精确控制,在工业生产加工过程中通过自动控制来代替人类执行某些单调、繁重和重复的长时间作业。它被誉为"制造业皇冠顶端的明珠",是衡量一个国家创新能力和产业竞争力的重要标志,已成为全球新一轮科技和产业革命的重要切入点。

【学习目标】

1. 知道工业机器人的定义;
2. 了解工业机器人的发展史;
3. 熟悉工业机器人的品牌;
4. 了解工业机器人的组成结构;
5. 学会对工业机器人进行操作。

【知识储备】

任务一　工业机器人的定义

一、机器人的定义

　　机器人,robot,是捷克作家卡雷尔·卡佩克创造的词语。该词语是他在 1920 年发表的科幻小说《罗萨姆的万能机器人》中由捷克文 robota(译为奴隶,人类的仆人)改编而成的。我们一般认为这就是"机器人"的起源,并沿用至今。

　　美国人约瑟夫·恩格尔伯格(Joseph F·Engelberger,1925—2015)于 1959 年研制出了世界上第一台工业机器人"Unimate",因此他被称为"机器人之父"。

　　机器人经常出现在科幻小说与电影中,它们的形象一般是智能与灵活。在科技快速发展的今天,我们会在家庭、学校、工厂生产流水线上看到各种不同类型机器人的身影。虽然机器人有很长的发展历程,但因其特殊性,至今没有一个明确的定义,往往不同的国家或组织会有不同的定义。

　　人们一般接受的对机器人的定义是:机器人是靠自身的动力和控制能力来实现各种功能的一种机器。联合国标准化组织采纳了美国机器人协会给机器人下的定义:"一种具有自动控制的操作和移动的功能,能完成各种不同作业任务的可编程操作机"。它的产生与发展有益于人类! 图 1-1 示出了几种不同类型的机器人。

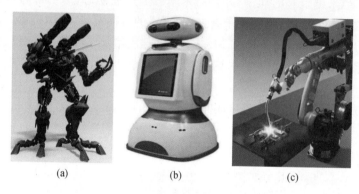

(a) 　　　　　　(b) 　　　　　　(c)

图 1-1　几种不同类型的机器人

二、工业机器人的定义

　　工业机器人是机器人家族中重要的成员,也是现阶段技术最成熟、应用最广泛的一类机器人。它的定义是:应用于工业的,在人的控制下智能动作,且能在生产线上替代人类进行简单、重复性工作的多关节机械手或多自由度的机械装置。图 1-2 为不同应用场景的工业机器人。

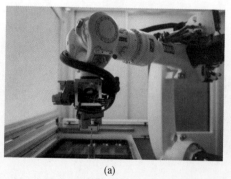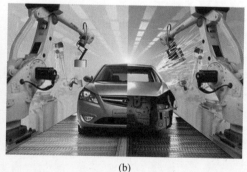

(a) 　　　　　　　　　　　　(b)

图 1-2　不同应用场景的工业机器人

三、工业机器人的组成

工业机器人是一种模拟人手臂、手腕和手功能的机电一体化装置,可对物品运动的位置、速度和加速度进行精准控制,从而完成某一工业生产的作业要求。当前工业中应用最多的是6轴机器人,它主要由机器人本体、控制器、示教器等组成,如图1-3所示。

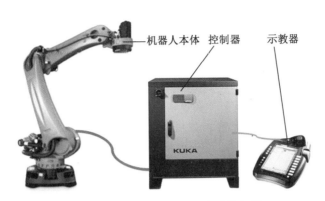

图1-3 工业机器人操作机末端执行器

1. 机器人本体

机器人本体是工业机器人的重要组成部分,机器人本体主要由机械臂、驱动装置、传动单元与检测部件组成,如图1-4所示。

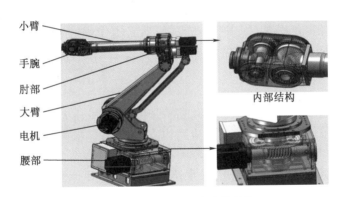

图1-4 多关节机器人本体结构

机械臂是工业机器人的机械主体,是用来完成各种作业的执行机构。为适应不同的使用场景,机器人本体最后一个轴的接口通常为一个法兰,可以安装不同的操作装置(习惯上称末端执行器),如夹紧爪、吸盘、焊枪等。

驱动装置是使工业机器人机械臂运动的装置。按照控制系统发出的指令信号,借助动力元件使机器人产生动作。工业机器人常用的驱动方式主要有液压驱动、气压驱动和电气驱动三种。目前除了个别精度要求不高、重负或有防爆要求的机器人采用液压、气压驱动外,工业机器人大多采用电气驱动,而其中交流伺服电机用得最广,而且一般都是每个关节由一个驱动独立控制。驱动装置如图1-5所示。

图1-5　驱动装置

　　为确保末端执行器所要求的位置、姿态并实现其运动,驱动装置的受控运动必须通过传动单元带动机械臂运动。目前工业机器人广泛采用的机械传动单元是减速机。关节减速机具有传动链短、体积小、功率大、质量小和易于控制等特点。精密减速机使机器人伺服电机在一个合适的速度下运转,并精确地将转速降到工业机器人各部位所需要的速度,在提高机械本体刚性的同时输出更大的转矩。

　　一般用在关节型机器人上的减速机主要有两类:谐波减速机和RV减速机。一般将谐波减速机放在手臂、腕部或手部等轻负载位置(20 kg以下机器人关节);而将RV减速机放在基座、腰部、大臂等重负载位置(20 kg以上机器人关节)。此外,机器人还采用齿轮传动、链条(带)传动、直线运动单元等。

　　检测部件是检测机器人的当前运动及工作情况,根据需要反馈给控制系统,与设定信息进行比较后,对执行机构进行快速调整,以保证机器人的动作符合预定的要求。作为检测装置的传感器一般可以分为两类:一类是内部传感器,用于检测机器人各部分的内部状况,如各关节的位置、速度、加速度等,并将所测得的信息作为反馈信号送至控制器,形成闭环控制。另一类是外部传感器,用来获取有关机器人的作业对象及外界环境等方面的信息,以使机器人的动作能适应外界情况的变化,使之达到更高层次的智能化,如视觉传感器。

　　2.控制器

　　机器人控制器是工业机器人的重要组成部分,是工业机器人的神经中枢、大脑。机器人控制器由计算机硬件、软件和一些专用电路构成,其软件包括控制器系统软件、机器人专用语言、机器人运动学和动力学软件、机器人控制软件、机器人自诊断和自保护功能软件等,它处理机器人工作过程中的全部信息并控制其全部动作。机器人控制器也称控制柜,一般分为标准型控制柜和紧凑型控制柜,如图1-6所示。

(a)标准型　　　　　　　　　　(b)紧凑型

图1-6　IRC5标准型与紧凑型控制柜

3．示教器

示教器也称示教编程器或示教操作盘，主要由液晶屏幕和操作按键组成，可由作业人员手持移动。示教器是人机交互接口，工业机器人的所有操作基本上都是通过它来完成的。它既可以用来点动控制机器人动作，也可以编写、测试和运行机器人程序，设定、查阅机器人状态设置和位置等，如图 1-7 所示。

彩色、触摸屏设计（中、英文互换）

三维操纵杆，使用简易、方便、快捷

以人为本的设计，告别繁复的按钮操作

图 1-7　工业机器人示教器

4．工业机器人品牌

机器人产业的发展是一个国家工业化的重要标志，在劳动力成本不断飙升和机器人成本日趋下降的大背景下，机器人及智能装备产业的发展越来越受到社会的广泛关注。

随着智能装备的高速发展，工业机器人在工业制造中的优势和作用越来越显著，机器人企业也快速发展。然而占据主导地位的还是素有工业机器人"四大家族"之称的 ABB、库卡、安川、发那科。

（1）ABB

ABB 总部设在瑞士苏黎世，由两个国际企业 ASEA 和 BBC 在 1988 年合并而成。ABB 于 1994 年进入中国，1995 年成立 ABB 中国有限公司。2005 年起，ABB 机器人的生产、研发、工程中心都开始转移到中国。

目前，ABB 机器人产品和解决方案已广泛应用于汽车制造、食品饮料、计算机和消费电子等众多行业的焊接、装配、搬运、喷涂、精加工、包装和码垛等不同作业环节，帮助客户大大提高其生产效率。

编程语言由称为 RAPID 编程语言的特定词语和语法编写而成。所包含的指令不但可以移动机器人、设置输出、读取输入，还能实现决策、重复其他指令、构造程序、与系统操作员交流等功能。

图 1-8　ABB 工业机器人

（2）库卡（KUKA）

库卡及其德国母公司是世界工业机器人和自动控制系统领域的顶尖制造商，它于 1898 年在德国奥格斯堡成立，当时称为"克勒与克纳皮赫奥格斯堡"（Kellerund Knappich Augsburg）。1995 年，KUKA 公司分为 KUKA 机器人公司和 KUKA 焊接设备有限公司（即现在的 KUKA 制造系统）。2011 年 3 月，其中国公司更名为库卡机器人（上海）有限公司。

KUKA 的机器人产品(图1-9)最通用的应用范围包括工厂焊接、搬运、码垛、包装、加工或其他自动化作业,同时还适用于医院,比如脑外科及放射造影。

KUKA 机器人编程语言是 KUKA 公司自行开发的针对用户的语言平台,通俗易懂,简称KRL。但在面对一些较复杂的工艺动作进行机器人运动编程时需要进行结构化编程。

(3)安川(Yaskawa)

日本安川电机株式会社创立于1915年,该公司是有近百年历史的专业电气厂商,其交流电(AC)伺服和变频器市场份额位居全球第一。截至2011年3月,安川公司的机器人(图1-10)累计出售台数已突破23万,活跃在从日本国内到世界各国的焊接、搬运、装配、喷涂以及放置在无尘室内的液晶显示器、等离子显示器和半导体制造的搬运等各种各样的产业领域中。

机器人的编程语言为安川公司自己开发的专用语言(INFORM),其指令主要分为移动指令、输入输出指令、控制指令、平移指令和运算指令等。

图 1-9　KUKA 工业机器人

图 1-10　安川工业机器人

(4)发那科(FANUC)

发那科是日本一家专门研究数控系统的公司,成立于1956年,是世界上最大的专业数控系统生产厂家,占据了全球70%的市场份额。FANUC 公司于1959年首先推出了电液步进电机,在后来的若干年中逐步发展并完善了以硬件为主的开环数控系统。进入20世纪70年代后,微电子技术、功率电子技术尤其是计算技术得到了飞速发展,FANUC 公司毅然舍弃了使其发家的电液步进电机数控产品,从 GETTES 公司引进直流伺服电机制造技术。

FANUC 机器人产品(图1-11)系列多达240种,负重从0.5 kg 到1.35 t,广泛应用在装配、搬运、焊接、铸造、喷涂、码垛等不同生产环节,满足客户的不同需求。

图 1-11　FANUC 工业机器人

FANUC 机器人系统的 KAREL 系统由机器人、控制器和系统软件组成。它使用 KAREL 编程语言编写的程序来完成工业任务。KAREL 可以操作数据,控制和与相关设备进行通信,并与操作员进行交互。

任务二 工业机器人的应用及发展趋势

一、工业机器人的发展历程

工业机器人在半个世纪的时间里,经历了示教再现型第一代机器人、具有感觉功能的第二代机器人和智能型第三代机器人的发展过程,从机械制造应用领域扩展到电子、电气、冶金、化工、轻工、建筑、电力、邮电、军事、海洋、医疗及家庭服务等行业。

1. 20 世纪 50 年代——萌芽期

1954 年,G. C. Devol 在《通用重复机器人》专利论文中第一次提出了"工业机器人"和"示教再现"的概念;1959 年美国 Unimation 公司推出了世界第一台工业机器人商品。

2. 20 世纪 60 年代——黎明期

1962 年,美国机床铸造公司 AMF 生产出了用于点焊、喷涂、搬运作业的圆柱坐标机器人;此后 Unimation 公司推出了可完成近 200 种示教动作、电液伺服驱动的球坐标机器人。1967 年,日本引进上述两类机器人技术,率先应用于机械制造业。

3. 20 世纪 70 年代——实用化期

随着计算机技术和人工智能技术的发展,机器人进入实用化时期,到 20 世纪 70 年代末全世界已有万台以上工业机器人。1971 年,日本日立公司推出具有触觉、力觉传感器并由 7 轴交流电动机驱动的机器人。1974 年,美国 Milacron 公司推出世界第一台由小型计算机控制的机器人,它由电液伺服驱动,可跟踪移动物体,用于装配和多功能作业。1979 年,日本山梨大学发明了用于装配作业的 SCARA 平面关节型机器人。而同样是在 1979 年,美国 Unimation 公司推出了多关节、多中央处理器(CPU)、由二级计算机控制的全电动 PUMA 系列机器人,它有专用的 VAL 语言和视觉、力觉传感器。

4. 20 世纪 80 年代——普及期

随着柔性制造系统(FMS)和计算机/现代集成制造系统(CIMS)技术的发展,工业机器人在发达国家不断普及,并向着高速、高精度、轻量化、成套系统化和智能化方向发展,以满足多品种、少批量的生产需要。到 20 世纪 80 年代末,全世界工业机器人总数已达 45 万台。

1985 年,日本 FANUC 公司推出了交流伺服驱动的 P−150 机器人,它采用多处理器,具有制造自动化通信协议(MAP)接口,并用高级语言编程。1986 年,美国 Adept 公司推出了直接驱动(direct driving, DD)的 Adept 系列机器人,它能离线编程,输出力矩大,可靠性高,是高速高精度的智能装配机器人。1989 年,日本 Bridge Stone 公司推出了 Soft Boy 喷涂机器人,它有 5 个人造肌肉(橡胶驱动器)驱动的关节,适于窄小作业空间的喷涂。

5. 20 世纪 90 年代至今——扩展渗透期

随着计算机技术和智能技术的进步与发展,第二代具有一定感觉功能的机器人已经实用化并开始推广。第三代具有视觉、触觉、高灵活手指、能行走的智能机器人相继出现,并开始走向应用。到 1997 年底,全世界工业机器人总量已达到 95 万台。工业机器人的应用领域也从制造业向非制造业发展,应用地域也从发达国家向发展中国家渗透。

多年来,经过国家高技术研究发展计划(简称 863 计划)的实施,我国机器人技术已经在各方面取得了突破性进展,但同发达国家相比,我国在机器人与自动化装备原创技术研究、高性能工艺装备自主设计与制造、重大成套装备系统集成与开发、高性能基础功能部件批量生产与应用等方面，仍存在较大差距。从"十一五"开始，863 计划中机器人技术课题对机器人技术发展战略做出了调整，已从单纯的机器人技术研发向机器人技术与自动化工业装备发展。

二、工业机器人的应用

根据中国机器人产业联盟（CRIA）的统计数据，近几年工业机器人所服务的行业已经覆盖国民经济 34 个行业大类，91 个行业中类，行业分布趋向多元化发展。图 1-12 展示了近年来工业机器人应用行业分布情况。当今工业机器人主要进行搬运、码垛、焊接、涂装和装配等复杂作业。为此，本节着重介绍这几类工业机器人的应用情况。

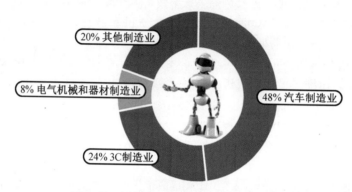

图 1-12　近年来工业机器人应用行业分布情况

1. 机器人搬运

机器人搬运作业是指用一种设备握持工件，将工件从一个加工位置移到另一个加工位置。搬运机器人可安装不同的末端执行器（如机械手爪、真空吸盘、电磁吸盘等）以完成各种不同形状和状态的工件搬运，大大减轻了人类繁重的体力劳动。通过编程控制，可以让多台机器人配合各个工序不同设备的工作时间，实现流水线作业的最优化。搬运机器人具有定位准确、工作节拍可调、工作空间大、性能优良、运行平稳可靠、维修方便等特点。目前世界上使用的搬运机器人已超过 10 万台，它们广泛应用于机床上下料、自动装配流水线、码垛搬运、集装箱等的自动搬运。机器人搬运如图 1-13 所示。

图 1-13　机器人搬运

2. 机器人码垛

机器人码垛是机电一体化的高新技术产品。它可满足中低产量的生产需要,也可按照要求的编组方式和层数,完成对料袋、胶块、箱体等各种产品的码垛。机器人替代人工搬运、码垛,能迅速提高企业的生产效率和产量,同时能减少人工搬运造成的失误。机器人码垛可全天作业,由此每年能节约大量的人力资源成本。码垛机器人广泛应用于化工、饮料、食品、塑料等生产企业,对纸箱、袋装、罐装、瓶装等各种形状的包装成品都适用,如图1-14所示。

3. 机器人焊接

机器人焊接是目前工业机器人应用最广泛的领域(如工程机械、汽车制造、电力建设、钢结构等),它能在恶劣的环境下连续工作并能提供稳定的焊接质量,提高工作效率,减轻工人的劳动强度。采用机器人焊接是焊接自动化的革命性进步,它突破了焊接刚性自动化(焊接专机)的传统方式,开拓了一种柔性自动化生产方式,实现了在一条焊接机器人生产线上同时自动生产若干种焊件,如图1-15所示。

图1-14　机器人码垛

图1-15　机器人焊接

4. 机器人涂装

机器人涂装工作站或生产线充分利用了机器人灵活、稳定、高效的特点,适用于生产量大、产品型号多、表面形状不规则的工件外表面涂装,广泛应用于汽车、汽车零配件(如发动机、保险杠、变速箱、塑料件、驾驶室等)、铁路(如客车、机车、油罐车)、家电(如电视机、电冰箱、洗衣机、电脑、手机外壳等)、建材(如卫生陶瓷)、机械(如电动机减速器)等行业,如图1-16所示。

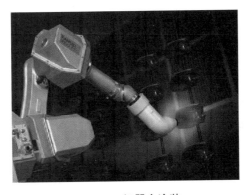

图1-16　机器人涂装

5. 机器人装配

装配机器人(图1-17)是柔性自动化系统的核心设备,其末端执行器为适应不同的装配对象而设计成各种"手爪";传感系统用于获取装配机器人与环境和装配对象之间相互作用的信息。与一般工业机器人相比,装配机器人具有精度高、柔顺性好、工作范围小、能与其他系统配套使用等特点,主要应用于各种电器的制造行业及流水线产品的组装作业,具有高效、精确、可不间断工作的特点。

图1-17　机器人装配

综上所述,在工业生产中应用机器人,可以方便、迅速地改变作业内容或方式,以满足生产变化的要求,如改变焊缝轨迹、改变涂装位置、变更装配部件或位置等。随着对工业生产线柔性的要求越来越高,对各种机器人的需求也会越来越强烈。

三、工业机器人的发展趋势

未来工业机器人将朝着自学习、自适应、智能控制的方向发展,将开发出具有灵活的可操作性和移动性、丰富的传感器及其处理系统、全面的智能行为和友好协调人-机交互能力的高级机器人。

1. 执行机构

目前,对于机器人执行机构的研究主要集中在各种具有柔性、灵巧性的手部和臂部上,其研究内容包括:新型轻质、高强度、高刚性的结构材料;快速准确、结构紧凑的机器人腕部、臂部及其连接机构;多自由度、灵活柔顺的执行机构等。

2. 动力和驱动机构

机器人的动力和驱动机构应具有质量小、体积小、输出力大的特点。为使机器人的作业能力与人相当,要求其指、肘、腕各关节有 $3 \sim 300$ N·m 的输出力矩和 $30 \sim 60$ r/min 的输出转速。减轻驱动机构质量的措施有:采用交流电动机、优化电气机构参数;采用电动机-编码器-调速器一体化设计;进行多自由度集成等。同时,还须开发挠性轴、压电元件、人工肌肉、形状记忆合金(SMA)等新型驱动器,如日本水下机器人的腕部和手部驱动采用了 $5 \sim 8$ g 的人工肌肉,以 2 MPa 压力为工作介质,收缩力可达 500 N。

3. 移动技术

如图1-18所示,移动机器人可用于清洗、服务、巡逻、防化、侦察等作业,在工业和国防领域具有广泛的应用前景。移动机器人可分为步行式和爬行式,由2足、4足、6足、8足或更多足组成。移动机器人能够按照预设的任务指令,根据已知的地图信息做规划,并在行进过程中不断感知周围局部环境信息,自主地做出决策,绕开障碍物,安全行走到指定目的地,并执行要求的操作。移动技术包括移动机构技术、行走传感器技术、路径动态规划技术等。

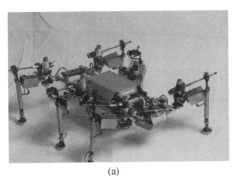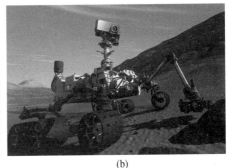

(a)　　　　　　　　　　　　　　　　(b)

图 1-18　移动机器人

4. 微型机器人

微型机器人是 21 世纪的尖端技术之一,可望生产出毫米级微型移动机器人和直径为几百微米甚至更小的纳米级医疗机器人,让它们直接进入人体器官,在不伤害人体健康的前提下进行疾病的诊断和治疗。微型机器人研究的关键技术包括:微型执行元件的加工装配;微小位置姿态的控制;微型电池;微小生物运动机构、生物执行器、生物能源机构等。目前,微型机器人还处于实验室理论探索时期,离实用化还有相当的距离,是当下的研究热点。

5. 多传感器集成与融合技术

单一传感器信号难以保证输入信息的准确性和可靠性,不能满足智能机器人系统获得环境信息及系统决策能力的要求。而采用多传感器集成和融合技术,利用各种传感信息对环境进行正确理解,使机器人系统具有容错性,可保证系统信息处理的快速性和正确性。

未来将不断研制各种新型传感器,如超声波触觉传感器、静电电容式距离传感器、基于光纤陀螺惯性测量的三维运动传感器,以及具有工件检测识别和定位功能的视觉传感系统等。此外,在多传感集成和融合技术研究方面,人工神经网络和模糊控制的应用将成为新的研究热点。

6. 新型智能技术

智能机器人有很多研究课题,其中对新型智能技术的概念和应用的研究在未来会有新突破。例如,形状记忆合金的电阻随温度的变化而变化,产生变形,它将用来执行驱动动作,完成传感和驱动功能;基于模糊逻辑和人工神经网络的识别、检测、控制,在规划方法的开发和应用方面将占有重要地位;基于专家系统的机器人规划将广泛用于任务规划、装配规划、搬运规划、路径规划和自动抓取规划;遗传算法和进化编程将用于移动机器人的自主导航与控制。

7. 仿生机构

目前,在生物体构造、移动模式、运动机理、能力分配、信息处理与综合、感知和认识等方面已开展仿生机构的研究。同时,人工肌肉、以躯干为构件的蛇形移动机构、仿象鼻柔性臂、人造关节、多肢体动物的运动协调等将会得到更多关注。

任务三 工业机器人的分类及技术指标

一、工业机器人的分类

关于工业机器人的分类,国际上目前还没有统一的标准,有的按负载重力分,有的按控制方式分,有的按自由度分,有的按结构分,有的按应用领域分。例如机器人首先在制造业大规模应用,所以机器人曾被简单地分成两类,即用于汽车、互联网技术(IT)、机床等制造业的机器人称为工业机器人,其他机器人称为特种机器人。随着机器人应用日益广泛,这种分类显得过于粗糙。现在除工业领域之外,机器人技术已经广泛地应用于农业、建筑、医疗、服务、娱乐以及空间和水下探索等多个领域。依据具体应用领域的不同,工业机器人又可分为物流、码垛、服务等搬运型机器人,以及焊接、车铣、修磨、注塑等加工型机器人,等等。可见,机器人的分类方法和标准很多。本书主要介绍以下三种工业机器人分类法。

1. 按机器人的技术等级分类

按机器人的技术发展水平可以将工业机器人分为三代。

(1)第一代:示教再现机器人。示教再现机器人能够按照人类预先示教的轨迹、行为、顺序和速度重复作业。示教可以由操作员手把手地进行(图1-19(a)),比如操作人员握住机器人上的喷枪,沿喷漆路线示范一遍,机器人即可记住这一连串运动,工作时,自动重复这些运动,从而完成给定位置的涂装工作。这种方式即所谓的"直接示教"。但是,比较普遍的方式是通过示教器示教(图1-19(b))。操作人员利用示教器上的开关或按键来控制机器人一步一步地运动,机器人自动记录,然后重复。目前,在工业现场应用的机器人大多属于第一代。

(a)手把手示教   (b)示教器示教

图1-19 示教再现机器人

(2)第二代:感知机器人。感知机器人具有环境感知装置,能在一定程度上适应环境的变化,目前已进入应用阶段,如图1-20所示。以焊接机器人为例,机器人焊接的过程一般是通过示教方式给出机器人的运动曲线,机器人携带焊枪沿着该曲线进行焊接。这就要求工件的一致性要好,即工件被焊接位置必须十分准确。否则,机器人携带焊枪沿所走的曲线和工件的实际焊缝位置会有偏差。为解决这个问题,第二代工业机器人(应用于焊接作业时)采用焊缝跟踪技术,通过传感器感知焊缝的位置,再通过反馈控制,就能够自动跟踪焊缝,从而对示教的位置进行修正,即使实际焊缝相对于原始设定的位置有所变化,机器人仍然可以很好地完成焊接工作。类似的技术正越来越多地应用于工业机器人。

图1-20 配备视觉系统的工业机器人

（3）第三代：智能机器人。智能机器人具有发现问题并且能自主地解决问题的能力，尚处于试验研究阶段。作为发展目标，这类机器人具有多种传感器，不仅可以感知自身的状态，比如所处的位置、自身的故障情况等，而且能够感知外部环境的状态，比如自动发现路况、测出协作机器的相对位置及相互作用的力等。更为重要的是，它能够根据获得的信息进行逻辑推理、判断决策，在变化的内部状态与外部环境中，自主决定自身的行为。这类机器人具有高度的适应性和自治能力。尽管人们经过多年的不懈研究，研制出很多各具特点的试验装置，提出了大量新思想、新方法，但现有工业机器人的自适应技术还是十分有限的。

2. 按机器人的机构特征分类

工业机器人的机械配置形式多种多样，典型机器人的机构运动特征是用其坐标特性来描述的。按基本动作机构，工业机器人通常可分为直角坐标机器人、柱面坐标机器人、球面坐标机器人和多关节型机器人等类型。

（1）直角坐标机器人。直角坐标机器人具有空间上相互垂直的多个直线移动轴（通常三个，图1-21），通过直角坐标方向的三个独立自由度确定其手部的空间位置，其动作空间为一长方体。直角坐标机器人结构简单，定位精度高，空间轨迹易于求解；但其动作范围相对较小，设备的空间因数较低，实现相同的动作空间要求时，机体本身的体积较大。

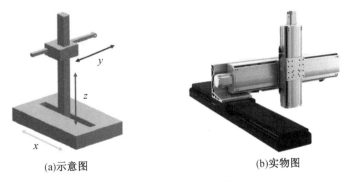

(a)示意图　　　　　　　(b)实物图

图1-21 直角坐标机器人

（2）柱面坐标机器人。柱面坐标机器人的空间位置机构主要由旋转基座、垂直移动和

✢ 水平移动轴构成(图1-22),具有一个回转自由度和两个平移自由度,其动作空间呈圆柱体。这种机器人结构简单,定位精度高,空间轨迹易于求解;动作范围相对较小,设备的空间因数较低。著名的 Versatran 机器人就是典型的柱面坐标机器人。

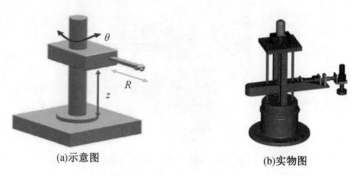

(a)示意图　　　　　　　　　　(b)实物图

图1-22　柱面坐标机器人

(3)球面坐标机器人。球面坐标机器人又称为极坐标型机器人,其结构如图1-23所示,R、θ 和 β 为坐标系的三个坐标,具有平移、旋转和摆动三个自由度,动作空间形成球面的一部分。其机械手能够做前后伸缩移动、在垂直平面上摆动以及绕底座在水平方向上转动。著名的 Unimate 机器人就是这种类型的机器人。其特点是结构紧凑,所占空间体积小于直角坐标和柱面坐标机器人。

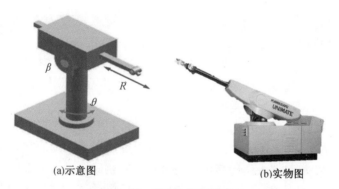

(a)示意图　　　　　　　　　　(b)实物图

图1-23　球面坐标机器人

(4)多关节机器人。多关节机器人由多个旋转和摆动机构组合而成。这类机器人结构紧凑,工作空间大,动作最接近人的动作,对涂装、装配、焊接等多种作业都有良好的适应性,应用范围越来越广。其摆动方向主要有铅锤方向和水平方向,因此这类机器人又可分为垂直多关节机器人和水平多关节机器人。

如图1-24所示,垂直多关节机器人模拟了人类的手臂功能,是以其各相邻运动构件的相对角位移作为坐标系的。θ、α 和 Φ 为坐标系的三个坐标轴,这种机器人的动作空间近似一个球体,所能到达区域的形状取决于两个臂的长度比例,因此也称为多关节球面机器人。

如图1-25所示,水平多关节机器人在结构上具有串联配置的两个能够在水平面内旋转的手臂,其自由度可以根据用途选择2~4个,ω_1、ω_2、ω_3 绕着各轴做旋转运动,z 在垂直方向做上下移动,其动作空间为一圆柱体。

(a)示意图　　　　　　　　　　(b)实物图

图 1-24　垂直多关节机器人

(a)示意图　　　　　　　　　　(b)实物图

图 1-25　水平多关节机器人

3. 按机器人的驱动方式分类

（1）气压传动机器人。这类机器人以压缩空气作为动力源驱动执行机构,具有动作迅速、结构简单、成本低的特点,但由于空气可压缩使工作速度稳定性差,因而抓取力小,适用于高速、轻载、高温和粉尘大的作业环境。

（2）液压传动机器人。这类机器人采用液压元器件驱动,具有负载能力强、传动平稳、结构紧凑、动作灵敏、防爆性好等特点,但对密封性要求高,对温度敏感,适用于重载、低速驱动的场合。

（3）电气传动机器人。这类机器人采用交流或直流伺服电动机驱动,不需要中间转换机构,机械结构简单,响应速度快,控制精度高,是近年来常用的机器人驱动结构。

二、工业机器人的技术指标

机器人的技术指标反映了机器人的适用范围和工作性能,是选择、使用机器人必须考虑的问题。尽管各机器人厂商所提供的技术指标不完全一样,机器人的结构、用途以及用户的要求也不尽相同,但其主要技术指标一般均为自由度、承载能力、工作精度、分辨率、工作空间和最大工作速度等。

1. 自由度

自由度是指机器人所具有的独立坐标轴运动的数目,不包括末端执行器的开合自由度。一般情况下,机器人的一个自由度对应一个关节,所以自由度与关节的概念是等同的。自由度是表示机器人动作灵活程度的参数,自由度越多,机器人越灵活,但结构也越复杂,控制难度也就越大,所以机器人的自由度要根据其用途设计,一般为 3~6 个,如图 1-26 所示。

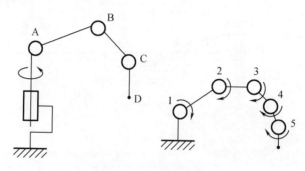

图 1-26   自由度示意图

大于 6 个的自由度称为冗余自由度。冗余自由度增加了机器人的灵活性,可方便机器人避开障碍物和改善机器人的动力性能。人类的手臂(大臂、小臂、手腕)共有 7 个自由度,所以工作起来很灵巧,可回避障碍物,并可从不同的方向到达同一目标位置,如图 1-27 所示。

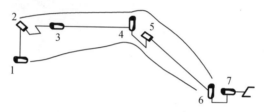

图 1-27   一种典型的冗余手臂

2. 承载能力

承载能力也称为持重,是指机器人在工作范围内的任意位置上所能承受的最大质量。承载能力不仅取决于负载的质量,还与机器人运行的速度和加速度的大小和方向有关。为了安全起见,承载能力这一技术指标是指高速运行时的承载能力。通常,承载能力不仅指负载,还包括机器人末端操作器的质量。

3. 工作精度

机器人的工作精度主要指定位精度和重复定位精度,如图 1-28 所示。定位精度(也称绝对精度)是指机器人末端执行器实际到达位置与目标位置之间的差异。重复定位精度(简称重复精度)是指机器人重复定位其末端执行器于同一目标位置的能力。工业机器人具有绝对精度低、重复精度高的特点。一般而言,工业机器人的绝对精度要比重复精度低一到两个数量级,造成这种情况的主要原因是机器人控制系统根据机器人的运动学模型来确定机器人末端执行器的位置,然而这个理论上的模型和实际机器人的物理模型存在一定的误差,产生误差的因素主要有机器人本身的制造误差、工件加工误差以及机器人与工件的定位误差等。目前,工业机器人的重复精度可达 0.01~0.50 mm。根据作业任务和末端持重的不同,机器人的重复精度要求亦不同。

4. 分辨率

机器人的分辨率是指每一关节所能实现的最小移动距离或最小转动角度。工业机器人的分辨率分为编程分辨率和控制分辨率两种。

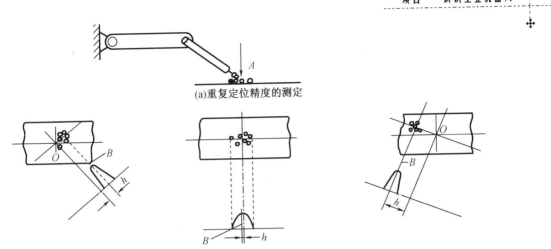

(a)重复定位精度的测定

(b)合理的定位精度，良好的重复定位精度 (c)良好的定位精度，很差的重复定位精度 (d)很差的定位精度，良好的重复定位精度

图1-28 工作精度

编程分辨率是指控制程序中可以设定的最小距离，又称为基准分辨率。例如：当机器人的关节电动机转动0.1°时，机器人关节端点移动直接距离为0.01 mm，其基准分辨率便为0.01 mm。控制分辨率系统位置反馈回路所能检测到的最小位移，即与机器人关节电动机同轴安装的编码盘发出单个脉冲时电动机所转过的角度。

精度和分辨率不一定相关。一台设备的运动精度是指命令设定的运动位置与该设备执行命令后能够达到运动位置之间的差距，分辨率则反映实际需要的运动位置和命令所能够设定的位置之间的差距。定位精度、重复定位精度和分辨率的关系如图1-29所示。

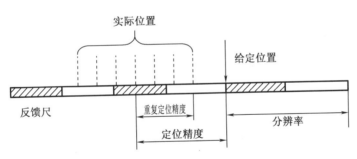

图1-29 定位精度、重复定位精度和分辨率的关系

5. 工作空间

工作空间也称工作范围、工作行程。工业机器人在执行任务时，其手腕参考点所能掠过的空间常用图形表示(图1-30)。由于工作范围的形状和大小反映了机器人工作能力的大小，因而它对于机器人的应用十分重要。工作范围不仅与机器人各连杆的尺寸有关，还与机器人的总体结构有关。为能真实反映机器人的特征参数，厂家所给出的工作范围一般指不安装末端执行器时可以到达的区域。应特别注意的是，在装上末端执行器后，需要同时保证工具姿态，实际的可达空间会比厂家给出的小一层，需要认真地用比例作图法或模型法核算一下，以判断是否满足实际需要。目前，单体工业机器人本体的工作半径可达3.5 m左右。

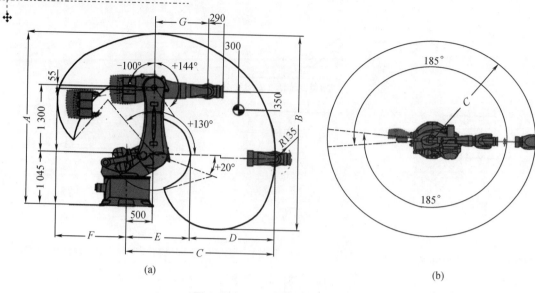

图 1-30　工业机器人的工作范围

6. 最大工作速度

　　最大工作速度是指在各轴联动情况下,机器人手腕中心所能达到的最大线速度。这在加工生产中是影响生产效率的重要指标,因生产厂家不同而标注不同,一般都会在技术参数中加以说明。很明显,最大工作速度越高,生产效率也就越高;然而,工作速度越高,对机器人最大加速度的要求也就越高。

本 章 小 结

　　人们一般接受的对机器人的定义是:机器人是靠自身的动力和控制能力来实现各种功能的一种机器。联合国标准化组织采纳了美国机器人协会给机器人下的定义:"一种具有自动控制的操作和移动的功能,能完成各种不同作业任务的可编程操作机"。

　　工业机器人是机器人家族中重要的成员,也是现阶段技术最成熟、应用最广泛的一类机器人。它的定义是:应用于工业的,在人的控制下智能动作,且能在生产线上替代人类进行简单、重复性工作的多关节机械手或多自由度的机械装置。

　　工业机器人是一种模拟人手臂、手腕和手功能的机电一体化装置,可对物品运动的位置、速度和加速度进行精准控制,从而完成某一工业生产的作业要求。当前工业中应用最多的是 6 轴机器人,它主要由机器人本体、控制器、示教器等组成。

　　关于工业机器人的分类,国际上目前还没有统一的标准,有的按负载重力分,有的按控制方式分,有的按自由度分,有的按结构分,有的按应用领域分。

　　机器人的技术指标反映了机器人的适用范围和工作性能,是选择、使用机器人必须考虑的问题。尽管各机器人厂商所提供的技术指标不完全一样,机器人的结构、用途以及用户的要求也不尽相同,但其主要技术指标一般均为自由度、承载能力、工作精度、分辨率、工作空间和最大工作速度等。

【习题作业】

1. 分析工业机器人的结构组成、功能特点和适用范围。
2. 简述工业机器人的分类。
3. 描述工业机器人的性能指标。
4. 举例说明工业机器人的应用领域。

项目二　ABB 工业机器人硬件连接

　　IRB120 是 ABB 最新一代 6 轴工业机器人中的一员,有效载荷达 3 kg,专为使用基于机器人的柔性自动化的制造行业而设计。该机器人为开放式结构,特别适合于柔性应用,并且可以与外部系统进行广泛通信。IRB120 具有敏捷、紧凑、轻量的特点,控制精度与路径精度俱优,是物料搬运与装配应用的理想选择。IRB120 性价比较高,使用广泛。

　　本项目学习内容主要包括了解 ABB 工业机器人 IRC5 系列控制器,掌握 IRC5 系列控制器与其之间的连接关系,掌握 ABB 工业机器人的安全保护机制及接线策略,掌握 ABB 工业机器人的安装、调试工作。

　　通过本项目的学习,我们可以了解 ABB 工业机器人各种全新的 IRC5 控制器及应用场合,熟练掌握 IRC5 系列控制器和工业机器人电气连接和各接口的作用,了解 ABB 控制器的安全保护机制的重要作用及电气接线方法,对熟练安装、调试 ABB 工业机器人起到一个入门作用。因此,本项目所讲内容非常重要,我们可以按照本项目所讲的操作方法进行同步操作,为后续学习更加复杂的内容打下坚实基础。

【学习目标】

1. 认知 ABB 工业机器人 IRC5 系列控制器;
2. 了解工业机器人工业生产前与生产过程中存在的风险;
3. 掌握工业机器人的常见安全设备及其使用方法;
4. 掌握工业机器人的安全使用规范,了解工业机器人的安全规程。

【知识储备】

任务一　ABB 工业机器人 IRC5 系列控制器

一、认识 ABB 工业机器人 IRC5 系列控制器

　　ABB 是机器人控制器领域的行业标杆,其工业机器人控制器 IRC5 融合 ABB 运动控制技术,拥有卓越的灵活性、安全性及模块化特性,提供各类应用接口和 PC 工具支持,还可实现多机器人控制,如图 2-1 所示。

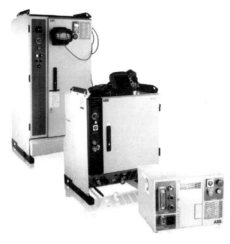

图 2-1　IRC5 系列控制器类型

　　针对各类生产需求,ABB 目前共推出了 4 种不同类型的控制器,分别为 IRC5 单柜型控制器(图 2-2(a))、IRC5 紧凑型控制器(图 2-2(b))、IRC5 PMC(面板安装式控制器)面板嵌入型控制器(图 2-2(c))、IRC5P 喷涂控制器(图 2-2(d))。

(a)IRC5单柜型控制器

(b)IRC5紧凑型控制器

(c)IRC5 PMC面板嵌入型控制器

(d)IRC5P喷涂控制器

图 2-2　IRC5 的 4 种不同类型

二、控制器内部结构

控制器作为机器人的"控制大脑",其内部由机器人系统所需部件和相关附加部件组成,包括电源开关、急停按钮、伺服驱动器、轴计算机板、安全面板、电源、电容、USB 接口等,如图 2-3 所示。

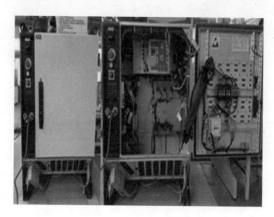

图 2-3　控制器内部结构

1. DSQC1000 主计算机

DSQC1000 主计算机相当于计算机的主机,用于存放系统和数据,如图 2-4 所示。

2. DSQC609 24 V 电源模块

DSQC609 24 V 电源模块,用于给 24 V 电源接口板提供电源,24 V 电源接口板直接给外部输入/输出(I/O)供电,如图 2-5 所示。

图 2-4　DSQC1000 主计算机

图 2-5　DSQC609 24 V 电源模块

3. DSQC611 接触器接口板

机器人 I/O 信号通过 DSQC611 接触器接口板来控制接触器的启停,如图 2-6 所示。

4. I/O 模块 DSQC651

I/O 模块挂在 DeviceNet 下,可用于外部 I/O 信号与机器人系统间的通信连接,如图 2-7 所示。

5. 控制器部分部件功能表

控制器部分部件功能表见表 2-1。

图 2-6　DSQC611 接触器接口板　　　　图 2-7　I/O 模块 DSQC651

表 2-1　控制器部分部件功能表

序号	部件名称	主要功能
1	电源开关	实现机器人控制器的启动或关闭
2	急停按钮	紧急情况下,按下急停按钮停止机器人动作
3	上电/复位按钮	解除机器人紧急停止状态,恢复正常状态
4	自动/手动半速/手动全速	切换机器人运行状态
5	USB 接口	USB 接口
6	示教器接口	连接机器人示教器
7	机器人伺服电缆接口	用于连接机器人与控制器接口
8	机器人编码器电缆接口	连接机器人本体,用于控制柜与机器人本体间数据交换
9	伺服驱动器	接收控制柜主控计算机传送的驱动信号,驱动机器人本体动作
10	轴计算机板	处理机器人本体零位和机器人当前位置数据,传输并存储于主计算机
11	安全面板	操作面板的急停键、示教器急停键及外部安全信号的处理
12	电容	确保机器人电源关闭后系统数据有足够时间完成保存,相当于延时断电
13	电源	给机器人各个运动轴提供电源
14	DeviceNet 接口	DeviceNet 通信
15	Profibus DP 接口	Profibus 通信

三、主控制器特点

IRC5 控制器的特点主要包括:配备完善的通信功能,实现了维护工作量的最小化,具有高可靠性以及采用创新设计的新型开放式系统、便携式界面装置示教器。

IRC5 控制器由一个控制模块和一个驱动模块组成(图 2-8),可选增一个过程模块以容纳定制设备和接口,如点焊、弧焊和胶合等。

四、机器人本体与控制器的连接

下面以 ABB 机器人为例,介绍机器人本体与控制器之间的连接方法。机器人本体与控制器之间需要连接 3 条电缆:动力电缆、SMB 电缆、示教器电缆,如图 2-9 所示。

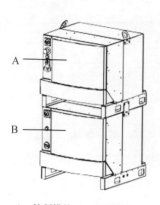

A—控制模块;B—驱动模块。

图 2-8　IRC5 控制器 M2004

图 2-9　机器人与控制器连接电缆

(1)将标注为 XP1 的动力电缆插头接入控制器 XS1 端口,如图 2-10 所示。

(2)将标注为 R1. MP 的动力电缆插头接入对应机器人本体底座的插头上,如图 2-11 所示。

图 2-10　动力电缆接入控制器

图 2-11　动力电缆接入机器人本体

(3)将 SMB 电缆(直头)接头插入控制器 XS2 端口,如图 2-12 所示。

(4)将 SMB 电缆(弯头)接头插入机器人本体底座 SMB 端口,如图 2-13 所示。

图 2-12　SMB 电缆接入控制器

图 2-13　SMB 电缆接入机器人本体

（5）将示教器电缆（红色）的接头插入控制器 XS4 端口，如图 2-14 所示。

图 2-14　示教器电缆接入控制器

（6）此项目中 IRB1200 是使用单相 220 V 供电，最大功率 0.5 kW。根据此参数，准备电源线并且制作控制器端的接头，如图 2-15 所示。

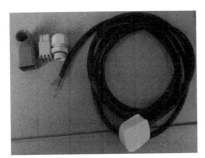
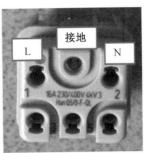

(a)电源线　　　　(b)控制器端电源接头定义说明

图 2-15　电源线与控制器电源接头

（7）将电源线根据定义进行接线，将电线涂锡后插入接头压紧，如图 2-16 所示。

（8）已制作好的电源线如图 2-17 所示。

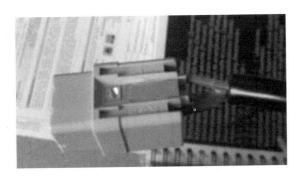

图 2-16　电源线接线　　　　　　图 2-17　制作好的电源线

（9）在检查后,将电源接头插入控制器 XP0 端口并锁紧,如图 2-18 所示。

图 2-18　电源线接入控制柜器

任务二　ABB 工业机器人通信

一、工业机器人安全保护机制

ABB 机器人系统可以配备各种各样的安全保护装置,例如门互锁开关、安全光幕和安全垫等。最常用的是机器人单元的门互锁开关,打开此装置可暂停机器人动作。

控制器有 4 个独立的安全保护机制,分别为常规模式安全保护停止(GS)、自动模式安全保护停止(AS)、上级安全保护停止(SS)和紧急停止(ES),见表 2-2。ES 模组如图 2-19所示。

表 2-2　安全保护机制

安全保护	保护机制
GS	在任何操作模式下都有效
AS	在自动操作模式下有效
SS	在任何操作模式下都有效
ES	在急停按钮被按下时有效

机器人出厂时安全信号端子默认为短接状态,在使用该功能时可以取下跳线连接线,进行功能接线。

控制器采用双回路紧急停止(急停)保护机制,分别位于 XS7 和 XS8 上。

两组回路共同作用,即只有当 XS7 和 XS8 同时接通时,才能消除急停;只要两路端子上任何一路断开,急停功能即生效。

图 2-19 ES 模组

1. 机器人紧急停止安全保护机制 ES 应用示例

控制原理:将安全面板的 XS7 与 XS8 的 1 脚与 2 脚的连接断开,机器人就会进入紧急停止状态,如图 2-20 所示。

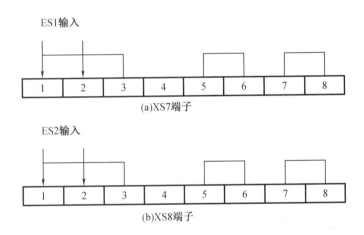

图 2-20 XS7 与 XS8 引脚图

外部紧急停止(图 2-21)连接说明:

(1)将 XS7 和 XS8 端子的第 1 脚与第 2 脚短接线取出。

(2)XS7 的 ES1 与 XS8 的 ES2 要分别单独接入无源 NC 常闭触点。

(3)如果要输入急停信号,就必须同时使用 ES1 和 ES2,同断同通。

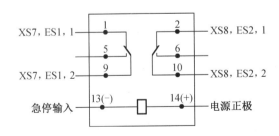

图 2-21 外部急停接线图

2. 机器人自动模式下安全保护机制 AS 应用示例

控制原理:将安全面板的 XS9 的 5 脚与 6 脚、11 脚与 12 脚的连接断开,机器人就会进入自动停止状态,如图 2-22 所示。

XS9端子

图 2-22　XS9 引脚图

外部自动停止(图 2-23)连接说明:

(1)将 5 脚与 6 脚、11 脚与 12 脚的短接线取出。

(2)AS1 和 AS2 分别单独接入无源 NC 常闭触点。

(3)如果要接入自动模式安全保护停止信号,就必须同时使用 AS1 和 AS2,同断同通。

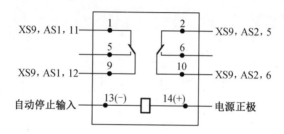

图 2-23　外部自动停止接线图

3. 紧急停止后的恢复操作

机器人系统在紧急停止后,需要进行以下的操作才能恢复到正常的状态。

(1)机器人处于紧急停止状态,如图 2-24 所示。

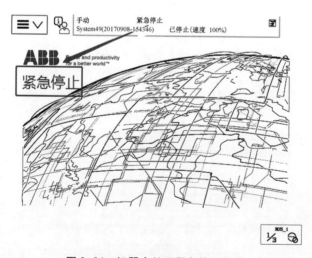

图 2-24　机器人处于紧急停止状态

(2)松开急停按钮。

(3)按下电机通电/复位按钮,如图 2-25 所示。

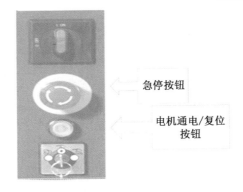

图 2-25　按钮状态的切换

（4）机器人系统恢复到正常状态，如图 2-26 所示。

图 2-26　机器人系统恢复正常状态

二、ABB 机器人 I/O 通信

1. ABB 机器人常见通信方式

ABB 机器人常见的与外部通信的方式共有三类，见表 2-3。ABB 机器人通过这三种方式能轻松实现与周边设备的通信。

表 2-3　ABB 机器人通信方式

PC	现场总线	ABB 标准
	Device Net	标准 I/O 板
RS232 通信	Profibus	PLC
OPC server	Profibus-DP	…
Socket Message	Profinet	…
	EtherNet IP	…

关于 ABB 机器人 I/O 通信接口的说明：

（1）ABB 的标准 I/O 板提供的常用信号处理有数字输入 di、数字输出 do、模拟输入 ai、模拟输出 ao，以及输送链跟踪，在本章中会对此进行介绍。

（2）ABB 机器人可以选配标准 ABB 的可编程逻辑控制器（PLC），省去了原来与外部 PLC 进行通信设置的麻烦，并且在机器人示教器上就能实现与 PLC 相关的操作。

（3）在本项目中，以最常用的 ABB 标准 I/O 板 DSQC651 为例，详细讲解如何进行相关的参数设定。

IRC5 紧凑型控制器面板接口说明分别如图 2-27 及表 2-4 所示。

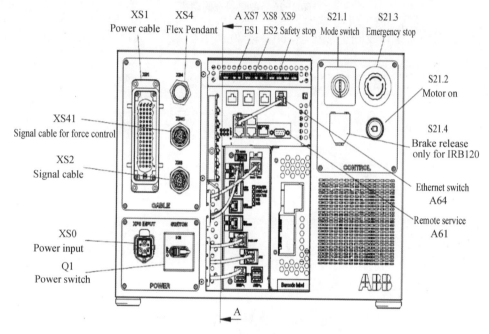

图 2-27　IRC5 控制器面板接口介绍

表 2-4　IRC5 控制器端口介绍

接口	接口说明	备注
Power switch（Q1）	主电源控制开关	
Power input	220 V 电源接入口	
Signal cable	SMB 电缆连接口	连接至机器人 SMB 输出口
Signal cable for force control	力控制选项信号电缆入口	有力控制选项才有用
Power cable	机器人主电缆	连接至机器人主电输入口
Flex pendant	示教器电缆连接口	
ES1	急停输入接口 1	
ES2	急停输入接口 2	
Safety stop	安全停止接口	
Mode switch	机器人运动模式切换	
Emergency stop	急停按钮	

表 2-4(续)

接口	接口说明	备注
Motor on	机器人马达上电/复位按钮	
Brake release	机器人本体送刹车按钮	只对 IRB 120 有效
Ethernet switch	Ethernet 连接口	
Remote service	远程服务连接口	

ABB 机器人 I/O 板通信接口如图 2-28 所示。

2. ABB 标准 I/O 板 DSQC651

DSQC651 板主要提供 8 个数字输入信号、8 个数字输出信号和 2 个模拟输出信号的处理。

(1)模块接口及说明分别如图 2-29 及表 2-5 所示。

图 2-28　ABB 机器人 I/O 板通信接口

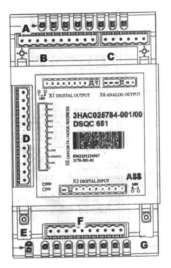

图 2-29　模块接口

表 2-5　模块接口说明

标号	说明
A	数字输出信号指示灯
B	X1 数字输出接口
C	X6 模拟输出接口
D	X5 DeviceNet 接口
E	模块状态指示灯
F	X3 数字输入接口
G	数字输入信号指示灯

(2)模块接口各端子说明,见表 2-6 至表 2-8。

表 2-6　**X1(数字输出接口)端子**

X1 端子编号	使用定义	地址分配
1	OUTPUT CH1	32
2	OUTPUT CH2	33
3	OUTPUT CH3	34
4	OUTPUT CH4	35
5	OUTPUT CH5	36
6	OUTPUT CH6	37
7	OUTPUT CH7	38
8	OUTPUT CH8	39
9	0 V	
10	24 V	

表 2-7　**X3(数字输入接口)端子**

X3 端子编号	使用定义	地址分配
1	INPUT CH1	0
2	INPUT CH2	1
3	INPUT CH3	2
4	INPUT CH4	3
5	INPUT CH5	4
6	INPUT CH6	5
7	INPUT CH7	6
8	INPUT CH8	7
9	0 V	
10	未使用	

表 2-8　**X5(DeviceNet 接口)端子**

X5 端子编号	使用定义	X5 端子编号	使用定义
1	0 V BLACK	7	模块 ID bit 0(LSB)
2	CAN 信号线 low BLUE	8	模块 ID bit 1(LSB)
3	屏蔽线	9	模块 ID bit 2(LSB)
4	CAN 信号线 high WHILE	10	模块 ID bit 3(LSB)
5	24 V RED	11	模块 ID bit 4(LSB)
6	GND 地址选择公共端	12	模块 ID bit 5(LSB)

注:BLACK 黑色,BLUE 蓝色,WHILE 白色,RED 红色。

ABB 标准 I/O 板是挂在 DeviceNet 网络上的,所以要设定 I/O 板模块在 DeviceNet 网络中的地址。如图 2-31 所示,端子 X5 的 6 脚是 0 V 电源端,7~12 默认初始状态是高电平。如图 30(b)所示,将 8 脚和 10 脚的跳线剪去,7~12 引脚的状态以低位向高位排序就形成

"001010"的二进制数,转化为十进制为10,所以该I/O板的地址为10。其中,I/O板的地址范围为10~63。

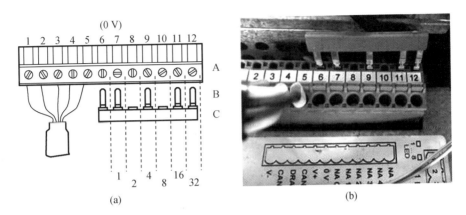

图2-30 I/O板的接线图

3. ABB标准I/O板 DSQC652

DSQC652板主要提供16个数字输入信号和16个数字输出信号的处理。

(1)模块接口及说明分别如图2-31及表2-9所示。

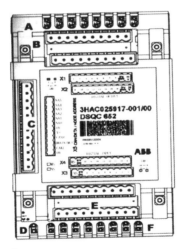

图2-31 模块接口

表2-9 模块接口说明

标号	说明
A	数字输出信号指示灯
B	X1、X2数字输出接口
C	X5 DeviceNet接口
D	模块状态指示灯
E	X3、X4数字输入接口
F	数字输入信号指示灯

（2）模块接口各端子说明见表2-10至表2-13。

表 2-10　X1（数字输出接口）端子

X1 端子编号	使用定义	地址分配
1	OUTPUT CH1	0
2	OUTPUT CH2	1
3	OUTPUT CH3	2
4	OUTPUT CH4	3
5	OUTPUT CH5	4
6	OUTPUT CH6	5
7	OUTPUT CH7	6
8	OUTPUT CH8	7
9	0 V	
10	24 V	

表 2-11　X2（数字输出接口）端子

X2 端子编号	使用定义	地址分配
1	OUTPUT CH9	8
2	OUTPUT CH10	9
3	OUTPUT CH11	10
4	OUTPUT CH12	11
5	OUTPUT CH13	12
6	OUTPUT CH14	13
7	OUTPUT CH15	14
8	OUTPUT CH16	15
9	0 V	
10	24 V	

表 2-12　X3（数字输入接口）端子

X3 端子编号	使用定义	地址分配
1	INPUT CH1	0
2	INPUT CH2	1
3	INPUT CH3	2
4	INPUT CH4	3
5	INPUT CH5	4
6	INPUT CH6	5

表 2-12(续)

X3 端子编号	使用定义	地址分配
7	INPUT CH7	6
8	INPUT CH8	7
9	0 V	
10	未使用	

表 2-13 X4(数字输入接口)端子

X4 端子编号	使用定义	地址分配
1	INPUT CH9	8
2	INPUT CH10	9
3	INPUT CH11	10
4	INPUT CH12	11
5	INPUT CH13	12
6	INPUT CH14	13
7	INPUT CH15	14
8	INPUT CH16	15
9	0 V	
10	未使用	

4. ABB 标准 I/O 板 DSQC653

DSQC653 板主要提供 8 个数字输入信号和 8 个数字继电器输出信号的处理。

(1)模块接口及说明分别如图 2-32 及表 2-14 所示。

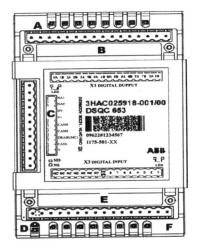

图 2-32 模块接口

表 2-14　模块接口说明

标号	说明
A	数字继电器输出信号指示灯
B	X1 数字继电器输出信号接口
C	X5 DeviceNet 接口
D	模块状态指示灯
E	X3 数字输入信号接口
F	数字输入信号指示灯

（2）模块接口各端子说明见表 2-15 和表 2-16。

表 2-15　X1(数字输出接口)端子

X1 端子编号	使用定义	分配地址	X1 端子编号	使用定义	分配地址
1	OUTPUT CH1A	0	9	OUTPUT CH5A	4
2	OUTPUT CH1B		10	OUTPUT CH5B	
3	OUTPUT CH2A	1	11	OUTPUT CH6A	5
4	OUTPUT CH2B		12	OUTPUT CH6B	
5	OUTPUT CH3A	2	13	OUTPUT CH7A	6
6	OUTPUT CH3B		14	OUTPUT CH7B	
7	OUTPUT CH4A	3	15	OUTPUT CH8A	7
8	OUTPUT CH4B		16	OUTPUT CH8B	

表 2-16　X3(数字输入接口)端子

X3 端子编号	使用定义	地址分配
1	INPUT CH1	0
2	INPUT CH2	1
3	INPUT CH3	2
4	INPUT CH4	3
5	INPUT CH5	4
6	INPUT CH6	5
7	INPUT CH7	6
8	INPUT CH8	7
9	0 V	
10~16	未使用	

5. ABB 标准 I/O 板 DSQC355A

DSQC355A 板主要提供 4 个模拟输入信号和 4 个模拟输出信号的处理。

（1）模块接口及说明分别如图2-33及表2-17所示。

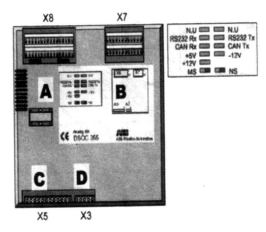

图 2-33　模块接口

表 2-17　模块接口说明

标号	说明
A	X8 模拟输入端口
B	X7 模拟输出端口
C	X5 DeviceNet 接口
D	X3 供电电源

（2）模块接口各端口说明见表2-18至表2-20。

表 2-18　X1（数字输出）端子

X1 端子编号	使用定义
1	0 V
2	未使用
3	接地
4	未使用
5	+24 V

表 2-19　X7（模拟输出）端子

X7 端子编号	使用定义	地址分配
1	模拟输入_1，-10 V/+10 V	0~15
2	模拟输入_2，-10 V/+10 V	16~31
3	模拟输入_3，-10 V/+10 V	32~47
4	模拟输入_4，4~20 mA	48~63

表 2-19(续)

X7 端子编号	使用定义	地址分配
5~18	未使用	
19	模拟输入_1,0 V	
20	模拟输入_2,0 V	
21	模拟输入_3,0 V	
22	模拟输入_4,0 V	
23~24	未使用	

表 2-20　X8(模拟输入)端子

X8 端子编号	使用定义	地址分配
1	模拟输入_1,-10 V/+10 V	0~15
2	模拟输入_2,-10 V/+10 V	16~31
3	模拟输入_3,-10 V/+10 V	32~47
4	模拟输入_4,-10 V/+10 V	48~63
5~16	未使用	
17~24	+24 V	
25	模拟输入_1,0 V	
26	模拟输入_2,0 V	
27	模拟输入_3,0 V	
28	模拟输入_4,0 V	
29~32	0 V	

本 章 小 结

　　工业机器人进行装调与维护必须按照机器人技术手册和在具有丰富装配维修经验人员的帮助下进行。在装配维修过程中,使用通用工具来装配机器人,使用仪器仪表检测故障源来查找故障原因并进行修复,要随时记录故障数据并存档。机器人完成工作后,停止执行,关闭电源,记录机器人工作过程中的有效数据并存档。在整个维修过程中,都要注意操作人员自身的安全。工业机器人装调维护主要涉及机器人的安装、调试及验收等流程。

　　通过本节课的学习,要能够熟练地对 ABB 工业机器人系统进行电气连接,熟练掌握 ABB 工业机器人的基本操作及控制器接线端口的功能及接线方式,熟练掌握 ABB 工业机器人安全防护接口的电气连接。在了解 ABB 工业机器人 I/O 接口板类型和功能的基础上,要能够熟练地对 ABB 工业机器人 DSQC652 板的系统配置和引出电气布线。

【习题作业】

1.简述 ABB 工业机器人防护等级数字意义。

2.简述 ABB 工业机器人控制器的作用及结构组成。

3.简述机器人本体与控制器之间的连接方法。

4.简述紧急停止后的恢复方法。

项目三　工业机器人机械安装

作为先进制造业中不可替代的重要装备和手段,工业机器人已经成为衡量一个国家制造水平和科技水平的重要标志。机器人的应用越来越广泛,需求越来越大,其技术研究与发展也越来越深入,这将会提高社会生产力与产品质量,为社会创造巨大的财富。

工业机器人是精密机电设备,其运输和安装有着特别的要求,每一个品牌的工业机器人都有自己的安装与连接指导手册,但都大同小异。本章将从工业机器人的组成、底座部分的安装、下臂部分的安装、上臂部分的安装、手腕部分的安装五个方面进行讲解,目的在于通过学习本章节,工业机器人操作者能够独立地对工业机器人进行拆装,以保证工业机器人的使用寿命。

【学习目标】

1.了解工业机器人的结构组成;
2.了解工业机器人各个部分的零件清单;
3.熟悉安装工业机器人所需的工具;
4.理解安装工业机器人各个部分的具体步骤;
5.学会动手完成工业机器人的机械安装。

【知识储备】

任务一　工业机器人结构组成的基础知识

一、工业机器人的结构组成

工业机器人是一种模拟人手臂、手腕和手功能的机电一体化装置,可对物体运动的位置、速度和加速度进行精确控制,从而完成某一工业生产的作业要求。如图 3-1 所示,当前工业中应用最多的第一代工业机器人主要由以下几个部分组成:操作机、控制器和示教器。第二代及第三代工业机器人还包括感知系统和分析决策系统,它们分别由传感器及软件实现。

操作机(或称机器人本体)是工业机器人的机械主体,是用来完成各种作业的执行机构。它主要由机械臂、驱动装置、传动单元及内部传感器等部分组成。由于机器人需要实现快速而频繁地启停、精确地到位和运动,因此必须采用位置传感器、速度传感器等检测元件实现位置、速度和加速度闭环控制。图 3-2 为 6 自由度关节型工业机器人操作机的基本构造。为适应不同的用途,机器人操作机最后一个轴的机械接口通常为一连接法兰,可接装不同的机械操作装置(习惯上称为末端执行器),如夹紧爪、吸盘、焊枪等。

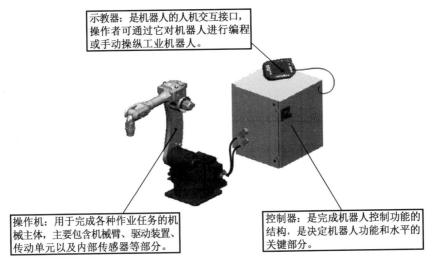

图 3-1 工业机器人主要组成部分

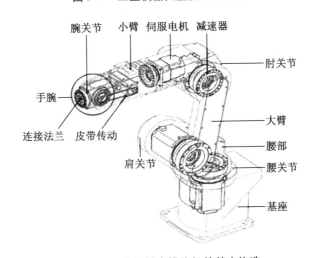

图 3-2 工业机器人操作机的基本构造

1. 机械臂

关节型工业机器人的机械臂是由关节连在一起的许多机械连杆的集合体。它本质上是一个拟人手臂的空间开链式机构,一端固定在基座上,另一端可自由运动。关节通常是移动关节和旋转关节。移动关节允许连杆做直线移动,旋转关节仅允许连杆之间发生旋转运动。由关节-连杆结构构成的机械臂大体可分为基座、腰部、臂部(大臂和小臂)和手腕四个部分,由四个独立旋转"关节"(腰关节、肩关节、肘关节和腕关节)串联而成。它们可在各个方向上运动,这些运动就是机器人在"做工",如图 3-3 所示。

(a)夹紧爪　　　　　　　(b)吸盘　　　　　　　(c)焊枪

图3-3　工业机器人操作机末端执行器

（1）基座

基座是机器人的基础部分,起支撑作用,可分为有轨和无轨两种。整个执行机构和驱动装置都安装在基座上。对固定式机器人,直接连接在地面基础上;对移动式机器人,则安装在移动机构上。

（2）腰部

腰部是机器人手臂的支撑部分。根据执行机构坐标系的不同,腰部可以在基座上转动,也可以和基座制成一体。有时腰部也可以通过导杆或导槽在基座上移动,从而增大工作空间。

（3）手臂

手臂是连接机身和手腕的部分,由操作机的动力关节和连接杆件等构成。它是执行结构中的主要运动部件,也称主轴,主要用于改变手腕和末端执行器的空间位置、满足机器人的作业空间,并将各种载荷传递到基座。

（4）手腕

手腕是连接末端执行器和手臂的部分,将作业载荷传递到臂部,也称次轴,主要用于改变末端执行器的空间姿态。

2. 驱动装置

驱动装置是驱使工业机器人机械臂运动的机构。按照控制系统发出的指令信号,借助动力元件使机器人产生动作,相当于人的肌肉、筋络。机器人常用的驱动方式主要有液压驱动、气压驱动和电气驱动三种基本类型,见表3-1。

表3-1　三种驱动方式特点比较

驱动方式	特点					
	输出力	控制性能	维修使用	结构体积	使用范围	制造成本
液压驱动	压力高,可获得大的输出力	油液不可压缩,压力、流量均容易控制,可无级调速,反应灵敏,可实现连续轨迹控制	维修方便,液体对温度变化敏感,油液泄漏易着火	在输出力相同的情况下,体积比气压驱动方式小	中小型及重型机器人	液压元件成本较高,油路比较复杂

表 3-1(续)

驱动方式	特点					
	输出力	控制性能	维修使用	结构体积	使用范围	制造成本
气压驱动	气体压力低,输出力较小,如需输出力大时,其结构尺寸过大	可高速,冲击较严重,精确定位困难。气体压缩性大,阻尼效果差,低速不易控制	维修简单,能在高温、粉尘等恶劣环境中使用,泄漏无影响	体积较大	中小型机器人	结构简单,能源方便,成本低
电气驱动	输出力较小或较大	容易与 CPU 连接,控制性能好,响应快,可精确定位,但控制系统复杂	维修使用较复杂	需要减速装置,体积较小	高性能、运动轨迹要求严格	成本较高

目前,除个别运动精度不高、重负载或有防爆要求的机器人采用液压、气压驱动外,工业机器人大多采用电气驱动,而其交流伺服电动机应用最广,且驱动器布置大都采用一个关节一个驱动器。

3.传动单元

驱动装置的受控运动必须通过传动单元带动机械臂产生运动,以精确地保证末端执行器所要求的位置、姿态并实现其运动。目前工业机器人广泛采用的机械传动单元是减速器,与通用减速器相比,机器人关节减速器要求具有传动链短、体积小、功率大、质量小和易于控制等特点。大量应用在关节型机器人上的减速器主要有两类:谐波减速器和 RV 减速器。精密减速器使机器人伺服电动机在一个合适的速度下运转,并精确地将转速降到工业机器人各部位需要的速度,在提高机械本体刚性的同时输出更大的转矩。一般将 RV 减速器放置在基座、腰部、大臂等重负载位置(主要用于 20 kg 以上的机器人关节);而将谐波减速器放置在小臂、腕部或手部等轻负载位置(主要用于 20 kg 以下的机器人关节)。此外,机器人还采用齿轮传动、链条(带)传动、直线运动单元等。

(1)谐波减速器

如图 3-4 所示,同行星齿轮传动一样,谐波齿轮传动(简称谐波传动)通常由三个基本构件组成,包括一个有内齿的刚轮,一个工作时可产生径向弹性变形并带有外齿的柔轮,一个装在柔轮内部、呈椭圆形、外圈带有柔性滚动轴承的波发生器,如图 3-4(b)所示。在这三个基本构件中可任意固定一个,其余一个为主动件,另一个为从动件,可实现减速或增速;也可变成两个输入,一个输出,组成差动传动。作为减速器使用时,通常采用波发生器主动、刚轮固定、柔轮输出的形式。谐波减速器的结构简单、零件数少、安装方便,并且有着体积小、质量小的优点。

(a)谐波减速器外观   (b)谐波减速器结构组成

图 3-4   谐波减速器

当波发生器装入柔轮后,迫使柔轮的剖面由原先的圆形变成椭圆形,其长轴两端附近的齿与刚轮的齿完全啮合,而短轴两端附近的齿则与刚轮完全脱开,周长上其他区段的齿处于啮合和脱离的过渡状态。当波发生器沿某方向连续转动时,柔轮的变形不断改变,使柔轮与刚轮的啮合状态也不断改变,啮入、啮合、啮出、脱开、再啮入……周而复始地进行,柔轮的外齿数少于刚轮的内齿数,从而实现柔轮相对刚轮沿波发生器相反方向的缓慢旋转。

(2)RV 减速器

RV 传动是新兴起的一种传动,它是在传统针摆行星传动的基础上发展而来的,与谐波传动相比,RV 传动具有较高的疲劳强度和刚度以及较长的寿命,而且回差精度稳定,不像谐波传动,随着使用时间的增长,运动精度就会显著降低,故高精度机器人传动多采用 RV 减速器,且有逐渐取代谐波减速器的趋势。其原理如图 3-5 所示。

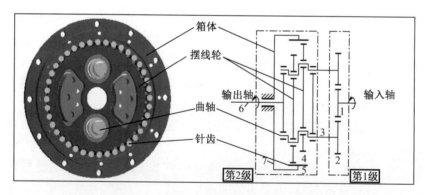

1—输入轴;2—行星轮;3—曲柄轴;4—摆线轮;5—针齿;6—输出轴;7—针齿壳。

图 3-5   RV 减速器传动原理图

RV 减速器是在摆线针轮行星传动的基础上发展而来的一种新型传动。减速器由第一级渐开线齿轮行星传动机构与第二级摆线针轮行星传动机构两部分组成封闭的差动轮系。执行电动机的旋转运动由齿轮轴或太阳轮传递给两个线行星轮,进行第一级减速;行星轮的旋转通过曲柄轴带动相距 180° 的摆线轮,从而生成摆线轮的公转。同时,摆线轮在公转过程中会受到固定于针齿壳上针齿的作用力而形成与摆线轮公转方向相反的力矩,进而造成摆线轮的自转运动,完成第二级减速。运动的输出通过两个曲柄轴使摆线轮与刚性盘构成平行四边形的等角速度输出机构,将摆线轮动的转动等速传递给刚性盘和输出盘。

(3)其余传动方式

工业机器人中还有齿轮传动、带传动、链传动、直线运动单元等传动方式。

二、安装工业机器人常用的工具

1.机器人安装调试必备工具

如图3-6所示为梅花L形套装扳手。

图3-6 梅花L形套装扳手

2.机器人安装调试常用工具(表3-2)

表3-2 机器人安装调试工具

名称		外观图	说明
螺丝刀			按照不同的头型可分为一字、十字、米字、星字、六角头等;又根据操作形式不同,可分为自动、电动和气动等。主要作用是旋转一字、十字等槽型的螺钉,木螺丝和自攻螺
扳手	活动扳手		主要用来坚固和拧松不同规格的螺母和螺栓

表 3-2(续)

名称		外观图	说明
扳手	开口扳手		分为双头开口扳手和单头开口扳手,其中转动一端方向只能是拧紧螺栓,而另一端只能是拧松螺栓
	梅花扳手		两端星花环状,其内孔是两个正六边形相互同心错开 30°,主要用在补充拧紧和便于拆卸装配在凹陷空间的螺栓和螺母,并可以为手指提供操作间隙,防止擦伤,可以使用其对螺栓或螺母施加大扭矩
	套筒扳手		由多个带六角孔或十二角孔的套筒组成,并配有手柄、接杆灯等多种附件
	扭力扳手		一种带有扭矩测量机构的拧紧工具。主要是在紧固螺栓和螺母等螺纹紧固件时控制施加的力矩大小,以保证不因力矩过大破坏螺纹
	内六角扳手		主要用于有六角插口的螺丝工具,通过扭矩施加对螺丝的作用力,该扳手呈 L 形,一端是球头,一端是方头,球头部可斜插入工件的六角孔
钳子			分为轴用挡圈装卸用钳子和孔用弹性挡圈装卸用钳子

3.常用工具的一般要求及注意事项

（1）一般要求

①使用工具的人员必须熟知工具的性能、特点、使用方法、保管方法、维修及保养方法。

②各种常用工具必须是正式厂家生产的合格产品。

③工作前必须对工具进行检查，严禁使用腐蚀、变形、松动、有故障、破损等不合格工具。

④电动或风动工具不得在超速状态下使用。停止工作时，禁止把机件、工具放在机器或设备上。

⑤带有尖锐牙口、刃口的工具及转动部分应用防护装置。

⑥使用特殊工具时，应用相应安全措施。

⑦小型工具应放在工具袋中妥善保管。

⑧各类工具使用过后应及时擦拭干净。

（2）注意事项

①使用扳手紧固螺丝时，应注意用力，当心扳手滑脱螺丝伤手，尤其是使用活扳手时。

②使用螺丝刀紧固或拆卸接线时，必须确认端子没电后才能紧固或拆卸。

③使用剥皮钳子剥线时，应该经常检查剥皮钳子的钳口是否调节太紧，避免将电线损伤。

④使用手锤时，应该先检查锤头与锤把固定是否牢靠，防止使用时，锤头坠落伤人。

任务二　工业机器人底座部分的安装

一、底座的组成及零件清单

机器人底座包含了1轴和2轴，相当于机器人的肩关节，需要承担机器人6个轴的总质量。如图3-7所示，其主要由两个轴的电机、RV减速器构成。

图3-7　机器人底座

除了电机和减速器，工业机器人底座部分还包含了许多其他的零件。每个零件的名称见表3-3。

表 3-3　工业机器人底座部分零件

序号	零件名称	序号	零件名称
1	电缆导向装置 3 与摆动壳固定螺丝	16	电缆导向装置 2
2	电缆导向装置 3	17	底座盖与底座固定螺丝
3	2 轴齿轮与摆动壳固定螺丝	18	底座盖
4	2 轴电机与轴 2 齿轮箱	19	电路板平板与电路平板支撑杆固定螺丝
5	电缆支架固定板与摆动平板电缆支架固定螺丝	20	EIB（电气安装总线）电路板接地线接口与底座连接螺丝
6	电缆支架固定板	21	EIB 电路板架及主电缆束
7	摆动平板电缆支架与摆动平板固定螺丝	22	电路板平板支撑杆
8	摆动平板电缆支架	23	电缆导向装置 1 与底座固定螺丝
9	摆动平板与 1 轴齿轮箱固定螺丝	24	电缆导向装置 1
10	摆动壳与摆动平板固定螺丝	25	1 轴齿轮箱与底座固定螺丝
11	带机械停止的摆动壳	26	1 轴电机与 1 轴齿轮箱
12	电缆固定架与摆动平板固定螺丝	27	1 轴电机线缆接口固定架与底座固定螺丝
13	电缆固定架	28	1 轴电机线缆接口固定架
14	带机构停止的摆动平板	29	盖板
15	摆动平板与电缆导向装置 2 固定螺丝	30	带机构停止的底座

二、安装工业机器人底座所需的工具

安装机器人底座时，不仅需要完整数量的零部件，还需要一些工具，才能顺利地完成。工具主要包括内六角扳手套装、螺钉刀、扭力扳手、各种型号的内六角螺钉、橡胶锤、扎带、润滑油脂、螺纹防松胶。

三、安装机器人底座的具体步骤

1. 安装 1 轴的电机与齿轮箱（图 3-8）

这里的齿轮箱即 RV 减速器。首先把基座水平放置，然后将电机与齿轮箱对准 1 轴的孔位，使其轻轻压入，注意操作过程中要保证垂直。这里要注意安装面应光滑无毛刺、无磕碰、无变形；安装面之间要充分接触，才能更好地传递扭矩；还要避免因受力不均而引起的抖动。

接着固定电机及齿轮箱，选取 12 根 M4×40 的六角螺钉，采用对角固定法先固定减速器的两处对角位置，防止脱落，无须拧紧。再将剩余 10 处螺钉依次拧上，无须拧紧。螺钉全部安装完成后，采用扭力扳手分别将 12 处螺钉拧紧。这里要注意，减速器的输出端平面应确认光滑无毛刺、无磕碰、无变形，然后用擦拭纸擦拭干净，再用密封胶沿着减速器输出端安装面涂上，涂抹的时候要求薄厚均匀。

2. 安装电缆导向装置与电池底座外壳(图 3-9)

先将电缆导向装置用六角螺钉通过内六角扳手固定在已安装好的电机及减速器上;再安装电路板平板支撑杆和电路板架,同样用内六角扳手与六角螺钉固定。最后安装电池底座外壳,同样也是用内六角扳手与六角螺钉固定。

图 3-8　1 轴的电机与齿轮箱　　　图 3-9　电缆导向装置与电池底座外壳

3. 安装减速器上面的转动平板(图 3-10)

这里包含了电缆导向装置和电缆固定架的安装,与之前一样,也是用内六角扳手与六角螺钉固定。

4. 安装摆动壳(图 3-11)

摆动壳是连接机器人基座 1 轴与机器人下臂的重要零部件。水平放置摆动壳,用 M4×25 的螺钉通过内六角扳手进行安装。接着安装其里面的电缆支架固定板,用 M3×8 的螺钉固定。

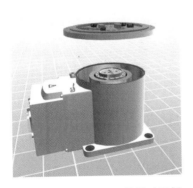 

图 3-10　减速器上面的转动平板　　　图 3-11　摆动壳

5. 安装 2 轴的电机与 RV 减速器(图 3-12)

安装 2 轴的电机与 RV 减速器,这里和安装 1 轴的电机与 RV 减速器时一样,要注意安装面应光滑无毛刺、无磕碰、无变形,安装面之间要充分接触,才能更好地传递扭矩;还要避免因受力不均而引起的抖动。我们选取 12 根 M4×40 的六角螺钉,采用对角固定法先固定减速器的两处对角位置,防止脱落,无须拧紧。将剩余 10 处螺钉依次拧上,无须拧紧。螺钉全部安装完成后,采用扭力扳手分别将 12 处螺钉拧紧。

6. 安装电缆导线装置(图 3-13)

安装电缆导线装置,并用 M3×8 的螺钉固定。至此,我们安装好了工业机器人的底座部分。

图 3-12　2 轴的电机与 RV 减速器　　　　图 3-13　电缆导线装置

任务三　工业机器人下臂部分的安装

一、下臂的组成及零件清单

机器人下臂(图 3-14)包含了 2 轴与 3 轴,也可称为大臂,其主要作用是通过运动的方式来接近或远离目标。机器人下臂主要由电机、RV 减速器与机械臂构成。

图 3-14　下臂

除了电机、RV 减速器、机械臂,工业机器人下臂部分还包含了许多其他的零件。每个零件的名称见表 3-4。

表 3-4 下臂零件

序号	零件名称
1	带机构停止的下臂
2	3 轴齿轮箱皮带轮
3	3 轴电机盖
4	3 轴电机盖与下臂固定螺丝
5	带同步带轮的 3 轴电机
6	带同步带轮的 3 轴电机与下臂固定螺丝
7	3 轴齿轮箱
8	3 轴齿轮箱转动轴固定螺母
9	3 轴齿轮箱与下臂固定螺丝
10	2 轴齿轮箱涂抹润滑脂
11	下臂与 2 轴齿轮箱固定螺丝
12	下臂侧支座
13	下臂侧支座与 3 轴电机盖固定螺丝
14	3 轴电缆保护盖
15	3 轴电缆保护盖与下臂侧支座固定螺丝
16	下臂侧支座电缆支架
17	下臂侧支座电缆支架与下臂侧支座固定螺丝
18	3 轴同步带
19	下臂盖(左)
20	下臂盖(右)
21	下臂盖(左)与下臂侧支座固定螺丝
22	下臂盖(右)与下臂固定螺丝
23	弧形轴盖
24	电缆保护器
25	壳内盖
26	壳盖

二、安装工业机器下臂座所需的工具

安装机器人下臂不仅需要完整数量的零部件,还需要一些工具,才能顺利地完成。工具主要包括内六角扳手套装、螺钉刀、扭力扳手、各种型号的内六角螺钉、橡胶锤、扎带、润滑油脂、螺纹防松胶、轴承拉马器。

三、安装机器人下臂的具体步骤

1. 检查安装面

检查各零件和轴承的安装面是否光滑无毛刺、是否有磕碰。安装面应光滑无毛刺、无磕碰、无变形,安装面之间要充分接触,才能更好地传递扭矩;还要避免因受力不均而引起的抖动。

2. 安装 3 轴齿轮箱的皮带轮

安装 3 轴齿轮箱的皮带轮,这里 3 轴(图 3-15)的传动方式是皮带传动,如图 3-16 所示。

图 3-15　3 轴齿轮箱

图 3-16　3 轴齿轮箱的皮带轮

3. 安装 3 轴的电机盖(图 3-17)

安装 3 轴的电机盖,用 M4×16 的螺钉通过内六角扳手来拧紧固定。

4. 安装 3 轴齿轮箱的电动机(图 3-18)

安装 3 轴齿轮箱的电动机,用 M5×16 的螺钉通过内六角扳手来拧紧固定。

图 3-17　3 轴的电机盖

图 3-18　3 轴齿轮箱的电动机

5. 安装 3 轴的减速器(图 3-19)

工业机器人 3 轴的转动是通过上述的第三步安装的电机的转动,通过带传动,带动着带轮的转动,进而带动减速器的转动。用 12 个 M3×25 的螺钉通过内六角扳手拧紧固定,这里有两点需要注意,一是需要给螺钉涂抹防松胶,二是采用对角固定法先固定减速器的两处对角位置,防止脱落,无须拧紧。再将剩余 10 处螺钉依次拧上,无须拧紧。螺钉全部安装完成后,采用扭力扳手分别将 12 处螺钉拧紧。最后,用 3 轴齿轮箱的固定螺母将减速器固定。至此,我们安装好了工业机器人的下臂部分。

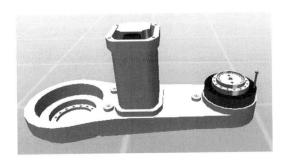

图 3-19　3 轴的减速器

任务四　工业机器人上臂部分的安装

一、上臂的组成及零件清单

机器人上臂包含了 J3 轴与 J4 轴,也可称为小臂或前臂,特点是过载能力强,高精度控制运转速度。如图 3-20 所示,上臂主要由机械臂、谐波减速器、交流伺服电机组成。

图 3-20　上臂

除了机械臂、谐波减速器、交流伺服电机,工业机器人上臂部分还包含了许多其他的零件。每个零件的名称见表 3-5。

表 3-5　上臂零件

序号	零件名称
1	壳内盖与上臂(无手腕)固定螺丝
2	4 轴齿轮箱连接轴承
3	4 轴弧形轴承
4	4 轴外轴承隔离钢圈
5	4 轴外轴承
6	4 轴齿轮箱钢轮
7	4 轴齿轮箱柔轮
8	4 轴齿轮箱柔轮与 4 轴弧形轴承固定螺丝
9	4 轴齿轮箱钢轮与上臂(无手腕)固定螺丝
10	带齿轮箱盖板与波发生器的轴 4 电机
11	4 轴齿轮箱盖板与上臂(无手腕)固定螺丝
12	4 轴电机与上臂(无手腕)固定螺丝
13	上臂(无手腕)电缆支架 1
14	上臂(无手腕)电缆支架与上臂(无手腕)固定螺丝
15	电缆保护器与上臂(无手腕)固定螺丝
16	上臂(无手腕)与 3 轴齿轮箱固定螺丝
17	上臂(无手腕)电缆支架 2
18	上臂(无手腕)电缆支架 2 与上臂(无手腕)固定螺丝
19	弧形轴盖
20	电缆保护器
21	壳内盖
22	壳盖
23	壳盖与上臂(无手腕)固定螺丝

二、安装工业机器人上臂所需的工具

安装机器人上臂不仅需要完整数量的零部件,还需要一些工具,才能顺利地完成安装。工具主要包括内六角扳手套装、螺丝刀、扭力扳手、各种型号的内六角螺丝、橡胶锤、扎带、润滑油脂、螺纹防松胶、轴承拉马器。

三、安装机器人上臂的具体步骤

1. 检查安装面

检查各零件和轴承的安装面是否光滑无毛刺、是否有磕碰。安装面应光滑无毛刺、无磕碰、无变形,安装面之间要充分接触,才能更好地传递扭矩;还要避免因受力不均而引起的抖动。

2. 安装壳内盖(图 3-21)

安装壳内盖,用 M3×8 的螺钉通过内六角扳手拧紧固定。

3. 安装 4 轴齿轮箱的连接轴承以及外轴承组件(图 3-22)

轴承内外圈涂上适量润滑油,轴承内圈与转轴配合,外圈与箱体配合,用轴承压套和锤子,把轴承敲到位。这里需要注意的是:安装过程要注意不要敲打到滚珠或保持架,敲打圆周过程应用力均匀,确认轴承安装到位。

图 3-21　壳内盖

图 3-22　4 轴齿轮箱的连接轴承以及外轴承组件

4. 安装 4 轴减速器的刚轮与柔轮(图 3-23)

J4 轴谐波减速器刚轮外圈涂上适量润滑油,止口配合安装到箱体内,并对准刚轮的螺纹孔,刚轮安装到位后,通过旋转转轴调整,使柔轮的螺纹孔对准。分别用 M3×10 的螺钉与 M3×8 的螺钉通过内六角扳手用对称交叉的方法将刚轮与柔轮拧紧固定。这里需要注意:安装后要手动旋转转轴,检查谐波减速器刚轮和柔轮的啮合是否顺畅。若明显不顺畅,应把谐波减速器重新安装或考虑更换。

5. 安装 4 轴的电机、上臂电缆支架、弧形轴盖与电缆保护器(图 3-24)

先安装 4 轴的电机,用 M4×16 的螺钉通过内六角扳手拧紧固定。

图 3-23　4 轴减速器的刚轮与柔轮

图 3-24　4 轴的电机、上臂电缆支架、弧形轴盖与电缆保护器

然后,安装上臂电缆支架(图 3-25),并用 M3×8 的螺钉拧紧固定。

最后,安装弧形轴盖与电缆保护器(图3-26),并用M3×8的螺钉拧紧固定。

图3-25 上臂电缆支架

图3-26 弧形轴盖与电缆保护器

任务五 工业机器人手腕部分的安装

一、手腕的组成及零件清单

机器人手腕部分包含了5轴与6轴。如图3-27所示,机器人5轴类似于手臂的腕关节,主要由谐波减速器、交流伺服电机、皮带构成。机器人6轴能使抓取物正反360°旋转,方便灵活,主要由谐波减速器、交流伺服电机、皮带构成。

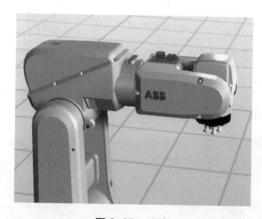

图3-27 手腕

除了减速器、电机、皮带,工业机器人手腕部分还含了许多其他的零件。每个零件的名称见表3-6。

表 3-6　手腕零件

序号	零件名称	序号	零件名称
1	手腕侧盖	23	螺丝固定帽
2	手腕侧盖坚固螺丝	24	6 轴电机
3	5 轴电机接口线夹具连接螺钉	25	6 轴电机固定螺丝
4	连接器支座	26	垫片
5	连接器支座连接螺钉	27	6 轴同步皮带轮
6	6 轴电机线扎带固定钢片	28	一字平头螺丝
7	6 轴电机线扎带固定钢片连接螺钉	29	腕端
8	手腕壳	30	腕端 5 轴减速器轴承连接螺丝钉
9	手腕壳连接螺钉	31	垫片
10	倾斜盖	32	轴 5 减速器
11	倾斜盖螺丝连接螺钉	33	5 轴减速器连接螺丝
12	6 轴电机线缆连接器盖	34	5 轴减速器油封
13	6 轴电机线缆连接器螺钉	35	5 轴减速器油封垫片
14	6 轴线缆连接器支座连接螺钉	36	5 轴减速器胶圈
15	拆卸 6 轴线缆连接器支座	37	5 轴电缆支架
16	5 轴电极连接螺钉	38	5 轴电缆支架连接螺钉
17	垫片	39	手腕壳
18	5 轴电机	40	手腕壳连接螺丝
19	6 轴减速器法兰盘	41	垫片
20	5 轴减速器法兰盘连接螺丝	42	4 轴过渡板
21	6 轴波发生器	43	4 轴过渡板连接螺丝
22	一字平头螺丝		

二、安装工业机器手腕所需的工具

安装机器人手腕不仅需要完整数量的零部件,还需要一些工具,才能顺利地完成。工具主要包括内六角扳手套装、螺钉刀、扭力扳手、各种型号的内六角螺钉、橡胶锤、扎带、润滑油脂、螺纹防松胶。

三、安装机器人上臂的具体步骤

1. 安装 4 轴过渡板(图 3-28)
检查各零件和轴承的安装面是否光滑、无毛刺,是否有磕碰。安装面应光滑无毛刺、无磕碰、无变形,安装面之间要充分接触,才能更好地传递扭矩;还要避免因受力不均而引起的抖动。

2. 安装手腕壳与线缆固定支架(图 3-29)
用型号 M4×25 的螺钉将手腕壳与过渡板固定,并涂抹防松胶。

图 3-28　4 轴过渡板

图 3-29　手腕壳与线缆固定支架

之后,把线缆固定支架(图 3-30),用 M3×8 的螺钉安装在 4 轴过渡板上。

图 3-30　线缆固定支架

3. 机器人第 5 轴的安装(图 3-31)

说明一下,这一步先不安装电机。首先,依次安装 5 轴减速器胶圈、油封垫片与油封。

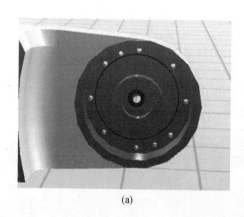

(a)

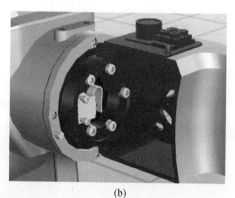

(b)

图 3-31　5 轴的安装

然后,安装 5 轴的减速器,需要用到 M3×25 的螺钉,进行对角预拧和拧紧操作,并涂上防松胶,如图 3-32(a)所示。

接着,安装腕端,用 M3×8 的螺钉,涂抹防松胶,如图 3-32(b)所示。

最后,用一个一字螺钉安装并固定 5 轴的皮带轮,如图 3-32(c)所示。

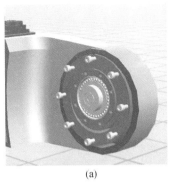
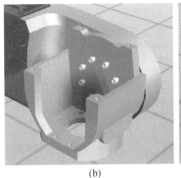
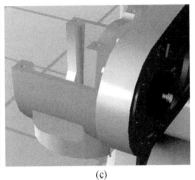

(a)　　　　　　　　　　(b)　　　　　　　　　　(c)

图 3-32　安装 5 轴的减速器

4. 机器人第 6 轴的安装（图 3-33）

首先用 M4×16 的螺钉固定 6 轴电机,安装后,需要翻转 5 轴到合适的位置,如图 3-33（a）所示。

然后,安装 6 轴的波发生器、法兰 6,如图 3-33（b）所示。

最后,再翻转 5 轴使 6 轴法兰向下,依次安装一些小型零件,有线缆连接器支座、连接器盖、倾斜盖和线缆扎带固定钢片,如图 3-33（c）（d）所示。

(a)　　　　　　　　　　　　(b)

(c)　　　　　　　　　　　　(d)

图 3-33　6 轴的安装

5. 安装 5 轴的电机

首先用 M4×16 的螺钉固定 5 轴电机,这里需要注意,拧螺钉的时候不能完全拧紧,因为

❖ 之后要安装同步带,需要调整电机皮带轮的位置,如图 3-34 所示。

　　然后,安装手腕壳,用 M3×25 的螺钉固定,如图 3-35 所示。

图 3-34　安装 5 轴的电机

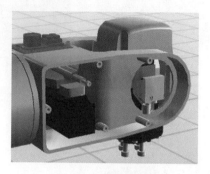

图 3-35　安装手腕壳

6. 安装手腕壳内的零件

　　安装手腕壳内的零件,如图 3-36 所示。在刚才安装好的手腕壳内,先用 M3×8 的螺钉依次安装连接器支座与线缆夹具。

　　接着安装同步带(图 3-37),安装后可以彻底地固定电机。

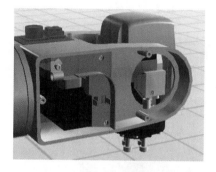

图 3-36　安装手腕壳内的零件

图 3-37　安装同步带

　　然后用 M3×8 的螺钉安装手腕左侧盖,最后用 M3×8 的螺钉安装手腕右侧盖,如图 3-38 所示。

图 3-38　安装手腕壳左侧、右侧盖

本 章 小 结

　　工业机器人的机械结构包括四大部分:末端执行器、手腕、手臂、底座。末端执行器是工业机器人与工件、工具等直接接触并作业的装置,分为机械式夹持器、吸附式执行器和专用工具。手腕是连接手部和手臂的部件,用来调整末端执行器的方位和姿态、确定手部工作位置并扩大臂部动作范围,具有翻转、俯仰和偏转运动的能力。手臂是连接机身和手腕的部件,完成主运动,并支撑着手腕、末端执行器和工件的质量,具有伸缩、左右回转和升降(或俯仰)运动的能力。底座是机器人的基础部分,起支撑作用。

　　驱动装置是用于把驱动元件的运动传递给机器人的关节和动作部位的装置,常见的驱动装置有液压驱动、气压驱动和电气驱动。传动装置是用来带动机械臂产生运动,以保证末端执行器所要求的精确位置、姿态和运动的装置,工业机器人上广泛采用谐波减速器和RV 减速器作为机械传动单元。

　　运动轴是工业机器人的主要组成部分,轴数决定了机器人动作的灵活性。通常将工业机器人的运动轴分为本体轴和外部轴两类,外部轴包括基座轴和工装轴,6 轴关节型机器人有 6 个可活动的关节,分别对应 6 个自由度:腰转、大臂转、小臂转、腕转、腕摆及腕捻。

【习题作业】

　　1. 分析工业机器人结构组成、功能特点和适用范围。
　　2. 简述安装工业机器人所需要的工具。
　　3. 描述工业机器人各个部分由哪些核心零件组成。
　　4. 举例说明工业机器人的应用领域。
　　5. 动手安装工业机器人。

项目四　工业机器人电气安装调试

　　控制系统是工业机器人的重要组成部分,相当于机器人的"大脑"。控制系统的性能很大程度上决定了机器人的性能,一个良好的控制系统需要有灵活方便的操作方式、多种形式的运动控制方式和安全可靠性。学生应对工业机器人控制系统的控制流程、组成、功能、特点、分类等有所熟悉。

　　工业机器人的安装与调试是为了满足工业机器人行业要培养工业机器人装配调试、操作维修、设备维护管理专业人才需要而开设的一门专业课程,是工业机器人专业课程体系中的一门重要专业核心课程。

　　本章节围绕工业机器人的电气结构、原理认知、电气安装、电气调试四个方面进行讲解,目的在于通过本章节的学习,使学生能够了解工业机器人电气安装与调试的一般流程方法,能够独立完成工业机器人电气的安装、调试、运行、维护、维修等工作,为学生后续学习和今后从事工业机器人技术领域的工作打下坚实的基础。

【学习目标】

1.掌握工业机器人电气安装的顺序和步骤并能进行熟练操作;
2.掌握工业机器人电气安装的接线顺序;
3.熟悉工业机器人电气调试的主要内容和步骤并能进行熟练操作;
4.掌握电气安装工具的使用方法。

【知识储备】

任务一　工业机器人的电气结构

　　控制系统是工业机器人的重要组成部分,它使工业机器人按照作业去完成各种任务。由于工业机器人的类型较多,其控制系统的形式也是多种多样的。工业机器人电气控制系统主要由示教单元、PLC单元和伺服驱动器等单元组成。本任务的逻辑结构如图4-1所示。

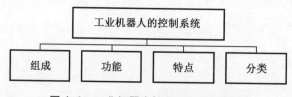

图 4-1　工业机器人控制系统逻辑结构

　　在作业中,机器人的工作任务是要求操作机的末端执行器按规定的点位或轨迹运动,而控制系统控制着操作机的运动,使操作满足作业要求,并保持预定的姿势。工业机器人中控制系统的控制流程如图4-2所示。

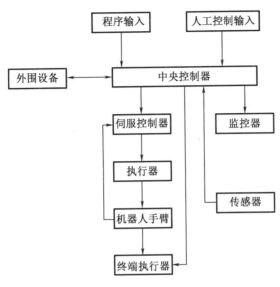

图4-2　控制流程图

一、工业机器人的控制系统

1. 控制系统的组成

控制系统由硬件和软件两部分组成,其中硬件系统包括传感装置、控制装置和关节伺服驱动部分,软件系统包括运动轨迹规划算法和关节伺服控制算法。

一个完整的工业机器人控制系统主要包括以下几部分:

(1)控制器:它是控制系统的调度指挥机构,机器人的"大脑"。

(2)示教器:也称示教器,它是与计算机之间信息交互的装置,用以示教机器人工作轨迹和参数的设定,实现一些人机相互操作。

(3)操作面板:用以完成基本功能操作,主要包括操作按键、状态指示灯等。

(4)硬盘和存储机器人工作程序的外部存储器。

(5)各种状态和命令的输入和输出:包括数字和模拟量的输入和输出。

(6)打印机接口:统一记录需要输出的各种信息。

(7)传感器接口:用于信息的自动检测,柔顺控制机器人。

(8)轴控制器:一般包括了每个关节的伺服控制器,从而完成机器人每个关节的位置、速度和加速度控制。

(9)通信接口:主要用于机器人和其他设备的信息交互。

(10)辅助设备控制:主要用于控制配合机器人的辅助设备。

2. 控制系统的功能

控制系统的功能是根据指令以及传感信息控制机器人在工作空间中的运动位置、姿态和轨迹、操作顺序及动作的时间等作业,主要有示教再现和运动控制两大功能,见表4-1。

表4-1 控制系统的功能

功能	内容
记忆功能	存储作业顺序、运动路径、运动方式、运动速度和生产工艺要求等
示教功能	包括离线示教、在线示教、间接示教等
联系功能	通过输入输出接口、通信接口、网络接口、同步接口等与外围设备进行联系
坐标设置功能	包括关节坐标、基础坐标和用户自定义坐标的设置
人机交互功能	通过示教器、操作面板和显示屏进行人机交互
传感器接口	包括内部传感器和外部传感器信息的接收和处理
位置伺服功能	包括机器人的多轴联动控制、运动控制、速度和加速度控制、动态补偿等
故障诊断安全保护功能	包括系统状态的监视、故障状态下的安全保护和故障自诊断等

3. 控制系统的特点

机器人的结构多为空间开链机构，其各个关节的运动是独立的，为了实现末端点的运动轨迹，需要多关节的运动协调。因此，机器人的控制系统与普通的控制系统相比要复杂得多，具体特点如下：

（1）机器人的控制与机构运动学及动力学紧密相关。机器人手足的状态可以在各种坐标下描述，应当根据需要选择不同的参考坐标系，并做适当的坐标变换。经常要求正向运动学和反向运动学的解，除此之外还要考虑惯性力、外力（包括重力）、哥氏力及向心力的影响。

（2）工业机器人状态和运动的数学模型是一个多变量、非线性和变参数的复杂模型，各变量之间还存在耦合。因此系统中经常使用重力补偿、前馈、解耦或自适应控制等方法。

（3）工业机器人有若干个关节，一个简单的机器人至少需要3~5个自由度，比较复杂的机器人有十几个甚至几十个自由度。每个自由度由一个伺服系统控制，多个关节的运动要求各个伺服系统协同工作。

（4）机器人控制系统必须是一个计算机控制系统，把多个独立的伺服系统有机地协调起来，使其按照要求动作，甚至赋予机器人一定的"智能"。

（5）机器人的动作往往可以通过不同的方式和路径来完成，因此存在一个"最优"的问题。较高级的机器人可以用人工智能的方法，用计算机进行控制、决策、管理和操作。根据传感器和模式识别的方法获得对象及环境的工况，按照给定的指标要求，自动地选择最佳控制规律。

4. 控制系统的分类

控制系统分为非伺服型控制系统和伺服型控制系统。

非伺服型控制系统工作能力比较有限，它们往往涉及那些叫作"终点""抓放"或"开关"式机器人，尤其是"有限顺序"机器人。其组成及工作流程如图4-3所示。

伺服型控制系统具有反馈控制系统，比非伺服机器人有更强的工作能力，因而价格较贵，但在某些情况下不如简单的机器人可靠。其组成及工作流程如图4-4所示。

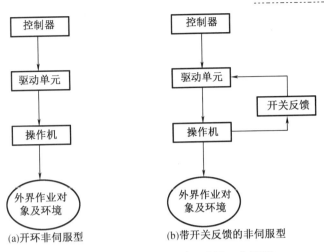

(a)开环非伺服型　　　　　(b)带开关反馈的非伺服型

图 4-3　非伺服型控制系统组成及工作流程

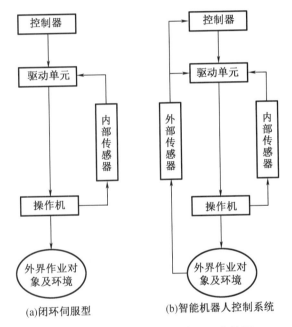

(a)闭环伺服型　　　　　(b)智能机器人控制系统

图 4-4　伺服型控制系统组成及工作流程

二、工业机器人的控制柜构成

通过控制柜,工业机器人正常运行时可借助手动或自动开关接通或分断电路;故障或不正常运行时借助保护电器切断电路或报警;借测量仪表可显示运行中的各种参数;还可对某些电气参数进行调整,对偏离正常工作状态进行提示或发出信号。学生应掌握控制柜外部的电源控制单元以及内部的控制器单元、I/O控制模块、其他控制单元的各自作用。本小节的逻辑结构如图 4-5 所示。

工业机器人的控制柜是按电气接线要求将开关设备、测量仪表、保护电器和辅助设备组装在封闭或半封闭金属柜中或屏幅上,便于检修,不危及人身及周围设备的安全。其组成如图 4-6 所示。

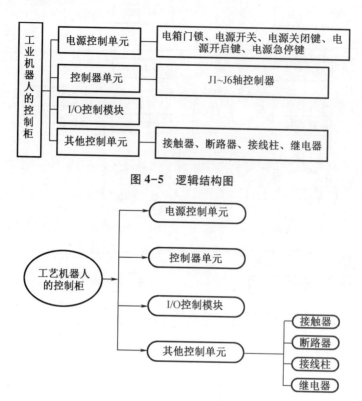

图 4-5　逻辑结构图

图 4-6　工业机器人控制柜组成

1. 工业机器人的控制柜外部结构

工业机器人的控制柜外部结构如图 4-7 所示,主要由电箱门锁、电源开关、电源开启键、电源关闭键、电源急停键、示教器挂钩等组成。工业机器人的电源控制单元功能见表 4-2。

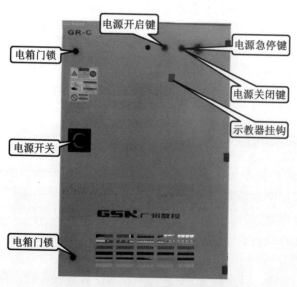

图 4-7　工业机器人控制柜外部结构

表 4-2 工业机器人的电源控制单元功能

电源控制单元	功能
电箱门锁	控制柜面板上有两处电箱锁,须同时按下才能正常开启柜门
电源开关	伺服驱动单元及示教器的控制开关,逆时针旋转为关闭电源,顺时针旋转为打开电源
电源关闭键	总电源开关关闭按钮
电源开启键	总电源开关开启按钮
电源急停键	按下控制柜上的电源急停键,此时电机电源被切断,机器人立刻停止。当机器人处于紧急状况下,可按下此按钮,防止事故的发生,避免财产损失。将控制柜上的急停键向右旋转,然后按下控制柜上的电源开关键接通伺服电源,之后重启机器人才可重新进行再现操作。 注意区分控制柜上的急停键和示教器上的急停键。按下控制柜上的急停键,伺服电源被切断;按下示教器上的急停键,只是暂停机器人运动,并未切断伺服电源,当松开急停键后,机器人恢复再现操作

2. 工业机器人的控制柜内部结构

工业机器人的控制柜内部结构如图 4-8 所示,主要由 J1~J6 轴控制器、I/O 控制模块、接触器、断路器、接线柱、继电器等组成。

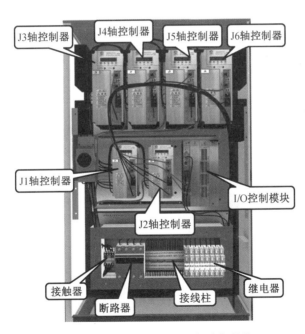

图 4-8 工业机器人的控制柜内部结构

3. 控制单元

（1）控制器

控制器是机器人的神经中枢,用于处理机器人工作中得到的全部信息。与伺服系统一同构成以太网传输闭环而形成连接网络,控制器仅需要通过一根网线便可以与多个总线交流伺服驱动通信。

以 J2 轴控制器为例,如图 4-9 所示,介绍控制器中各个接口的主要功能。

①参数序列号,参数值增加。

②参数序列号,参数值减小。

③循环被修改的数据。

④返回上一层操作菜单或操作取消。

⑤进入下一层操作菜单或操作确认。

⑥CHARGE 指示灯:CHARGE 伺服单元主回路直流母线的高压指示灯。指示灯亮时不允许拆、装伺服单元或电源线、电机线、制动电阻线。

⑦POWER 指示灯:POWER 指示灯是伺服单元控制电路电源指示灯。

⑧CN1 为以太网输入接口。

⑨CN2 为以太网输入接口。

⑩CN3 为对应轴电机编码器反馈输入接口,可接入增量式或绝对式编码器信号。

(2)I/O 控制模块

I/O 控制模块主要用于现场总线进行通信,为程序提供模拟信号输入/输出处理,如图 4-10 所示。

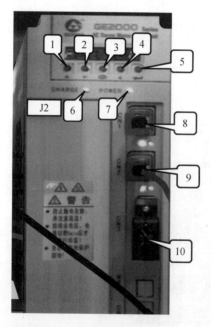

图 4-9　机器人 J2 轴控制器

图 4-10　I/O 控制模块

I/O 控制模块其他控制单元如图 4-11 所示。

①接触器得电时,控制器得电,如图 4-12 所示。

②断路器为电气控制柜内辅助电源开关,如图 4-13 所示。

③接线柱用于电机电源及编码线路与控制器相连的中间介质,如图4-14所示。

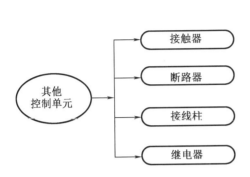

图 4-11 I/O 控制模块其他控制单元

图 4-12 接触器

图 4-13 断路器

图 4-14 接线柱

④继电器通过对应输入信号控制接触器,进而完成机器人运动控制,如图4-15所示。

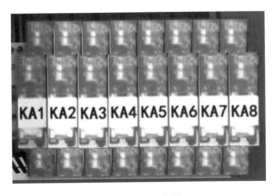

图 4-15 继电器

任务二　工业机器人的原理认知

一、工业机器人电气元器件的认识及选用

1. 伺服驱动器

伺服驱动器把上位机的指令信号转变为驱动伺服电动机运行的能量,又叫作伺服控制器或伺服放大器。伺服驱动器通常以电动机转角、转速和转矩作为控制目标,进而控制运动机械跟随控制指令运行,可实现高精度的机械传动和定位。因此,伺服驱动器是控制单元与工业机器人本体的联系环节。通常伺服驱动器的额定工作电压是三相交流 220 V,而在企业动力电源都是三相 380 V,这就需要伺服变压器把三相交流 380 V 的电源变成三相交流 220 V,为伺服驱动器供电。

通常的六轴机器人有 6 个伺服轴,对应的有 6 个伺服驱动器,驱动器的功能是驱动并控制伺服电动机运动,电机的平稳运动需要对驱动器设置合理的参数。伺服驱动器实物外观如图 4-16 所示。

2. 开关电源

开关电源又称交换式电源、开关变换器,是一种高频化电能转换装置,如图 4-17 所示。其功能是将一个位准的电压,透过不同形式的架构转换为用户端所需求的电压或电流。开关电源是利用现代电力电子技术,控制开关管开通和关断的时间比率,维持稳定输出电压的一种电源,开关电源一般由脉冲宽度调制(PWM)控制 IC 和 MOSFET 构成。

图 4-16　伺服驱动器实物外观图　　　　　图 4-17　开关电源

开关电源和线性电源相比,二者的成本都随着输出功率的增加而增长,但二者增长速率各异。线性电源成本在某一输出功率点上,反而高于开关电源。

开关电源大致由主电路、控制电路、检测电路、辅助电源四大部分组成。

开关电源的主要特点是:

(1)体积小、质量轻:由于没有工频变压器,所以体积和质量都相对小和轻。

(2)功耗小、效率高:功率晶体管工作在开关状态,所以晶体管上的功耗小,转化效率高,一般为 60%~70%。

3. 低压断路器

低压断路器通常称自动开关或空气开关,如图 4-18 所示,具有控制电路和保护电路的复合功能,可用于设备主电路及分支电路的通断控制。当电路发生短路、过载或欠压等故障时能自动分断电路,也可用作不频繁地直接接通和断开电动机电路。

(1) 工作原理

低压断路器主要由三个基本部分组成,即触点、灭弧系统和各种脱扣器,低压断路器的主触点是靠手动操作或电动合闸操作的。主触点闭合后,自由脱扣机构将主触点锁在合闸位置上。过电流脱扣器的线圈和热脱扣器的热元件与主电路串联,欠电压脱扣器的线圈和电源并联。

(2) 分类

低压断路器主要分类方法是以结构形式分类,即分为开启式和装置式两种。开启式又称为框架式或万能式,装置式又称为塑料壳式。

(3) 选用原则

低压断路器的选用与维护是实际生产中很重要的部分,其中低压断路器的选用原则有:

① 根据线路对保护的要求确定断路器的类型和保护形式——确定选用框架式、装置式或限流式等。

② 断路器的额定电压 U_N 应等于或大于被保护线路的额定电压。

③ 断路器欠压脱扣器额定电压应等于被保护线路的额定电压。

④ 断路器的额定电流及过流脱扣器的额定电流应大于或等于被保护线路的计算电流。

⑤ 断路器的极限分断能力应大于线路的最大短路电流的有效值。

⑥ 配电线路中的上、下级断路器的保护特性应协调配合,下级的保护特性应位于上级保护特性的下方且不相交。

⑦ 断路器的长延时脱扣电流应小于导线允许的持续电流。

4. 航空插头

航空插头是一种很常用的部件,主要作用是:在电路内被阻断处或孤立不通的电路之间架起沟通的桥梁,从而使电路接通,实现预定的功能。航空插头如图 4-19 所示。

图 4-18 低压断路器实体图

图 4-19 航空插头

二、电气系统图

1. 电气系统图

电气系统图主要有电气原理图、电气元件布局图和电气安装接线图。

（1）电气原理图

电气原理图是电气系统图的一种，用来表明电气设备的工作原理及各电气元件的作用、关系的一种表达方式，是根据控制电路的工作原理绘制的，具有结构简单、层次分明的特点。一般由主电路、控制电路、检测与保护电路、配电电路等几大部分组成。

（2）电气元件布局图

电气元件布局图（图4-20）主要用来表明各种电气设备在机械设备上和电气控制柜中的实际安装位置，为机电设备的制造、安装、维护、维修提供必要的资料。

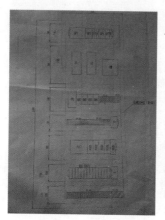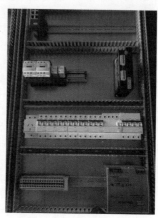

图4-20　电气元件布局图

（3）电气安装接线图

电气安装接线图为进行装置、设备或成套装置的布线提供各个项目之间电气连接的详细信息，包括连接关系、线缆种类和敷设电路。一般情况下，电气安装接线图和电气原理图需要配合使用。

图4-21　电气安装接线图

2. 识读电气原理图

看电气原理图的一般方法是先看主电路,明确主电路控制目标与控制要求,再看辅助电路,并通过辅助电路的回路研究主电路的运行状态。

主电路一般是电路中的动力设备,它将电能转变为机械运动的机械能,典型的主电路就是从电源开始到电动机结束的那一条电路。辅助电路包括控制电路、保护电路、照明电路。

(1)识读主电路的步骤

①看清主电路中的用电设备。用电设备指消耗电能的用电器或电气设备,看图首先要看清楚有几个用电电路,分清它们的类别、用途、接线方式及工作要求。

②看清楚用电设备是用什么电气元件控制的。控制用电设备的方法很多,有的直接用开关控制,有的用各种启动器控制,有的用接触器控制。

③了解主电路所用的控制器及保护电器。前者是指常规的接触器以外的其他控制元件,如电源开关、万能转换开关。后者是指短路保护器件及过载保护器件。一般来说,先分析完主电路,即可分析控制电路。

④看电源。要了解电源电压的等级,是380 V还是220 V,是从母线汇流排供电还是配电屏供电,还是从发电机组接出来的。

(2)识读辅助电路的步骤

①分析控制电路。根据主电路中各电机和执行电器的控制要求,逐一找出控制电路中的其他控制环节,将控制电路"化整为零",按功能不同划分成若干个局部控制电路来进行分析。

②看电源。首先看清电源的种类,是直流还是交流。其次,要看清辅助电路的电源是从什么地方接来的及其电压等级。电源一般是从主电路的两条相线上接来的,其电压为380 V。也有从主电路的一条相线和一条零线上接来的,电压为单相220 V。此外,也可以从专用的隔离电源变压器接来。辅助电路中的一切电气元件的线圈额定电压必须与辅助电路电源电压一致。否则,电压低时,电路元件不动作;电压高时,则会把电气元件烧坏。

③了解控制电路中所采用的各种继电器、接触器的用途,如采用了一些特殊的继电器,还应了解它们的动作原理。

④根据辅助电路来研究主电路的动作情况。

⑤研究电气元件之间的相互关系。电路中的一切电气元件都不是孤立存在的而是相互联系、相互制约的。这种相互控制的关系有时表现在一条回路中,有时表现在几条回路中。

⑥研究其他电气设备和电气元件,如整流设备、照明灯等。

任务三　工业机器人的电气安装

一、电气安装工具的使用方法

1. 压线钳

压线钳(图4-22)是用来压制水晶头的一种工具。常见的电话线接头和网线接头都是用压线钳压制而成的。如果使用了接线端子,那么压线钳将是必不可少的。

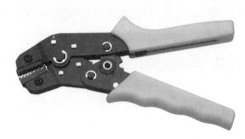

图4-22　压线钳

端子压线钳使用方法(图4-23):

(1)首先需要把弹簧端子放在压线钳上面,然后要夹在钳子上,但是注意不能够夹"死"。

(2)弹簧片放上去之后,另外一端要留出一截,然后要准备好一根电线,上面要剥去一截,但是不能够太粗,要不然就会影响到使用效果。

(3)把电线插入准备好的弹簧片中,注意不能够插入太深,不然也会影响到使用效果。

(4)压好后的端子应该只留有铜线,而没有碰到绝缘皮。把压线钳取出来,看一下压线的结果,之后裹上金属带就可以了,注意不能压得太紧,会使得压线钳口出现损坏。

图4-23　压线钳的使用

2. 剥线钳

剥线钳是内线电工、电动机修理、仪器仪表电工常用的工具之一,如图 4-24 所示,它是用来供电工剥除电线头部的表面绝缘层的。剥线钳可以使得电线被切断的绝缘皮与电线分开,还可以防止触电。

3. 电络铁

电络铁是电子制作和电器维修的必备工具,如图 4-25 所示,主要用途是焊接元件及导线。

图 4-24　剥线钳

图 4-25　电络铁

（1）分类

电络铁按机械结构可分为内热式电烙铁和外热式电烙铁,按功能可分为无吸锡式电烙铁和吸锡式电烙铁,根据用途不同又分为大功率电烙铁和小功率电烙铁。

（2）焊接技术

在电子制作中,必然会遇到电路和元器件的焊接,焊接的质量对制作的质量影响极大。所以,学习电子制作技术必须掌握焊接技术。

①焊前处理。焊接前,应对元器件引脚或电路板的焊接部位进行焊接处理,一般有"刮""镀""测"三个步骤。

②焊接。做好焊前处理之后,就可以正式进行焊接。

a. 焊接方法。右手持电烙铁,将烙铁头刃面紧贴在焊点处,烙铁头在焊点处停留的时间控制在 2~3 min,抬开烙铁头,用镊子转动引线,确认不松动,然后用偏口钳剪去多余的引线。

b. 焊接质量。焊接时,应保证每个焊点焊接牢固、接触良好。锡点应光亮、圆滑、无毛刺,锡量适中。

c. 焊接材料。对于不易焊接的材料,应采用先镀后焊的方法,例如,对于不易焊接的铝质零件,可先给其表面镀上一层铜或者银,然后再进行焊接。

4. 直流稳压电源

直流稳压电源能为负载提供稳定直流电源的电子装置。直流稳压电源的供电电源大都是交流电源,当交流供电电源的电压或负载电阻变化时,稳压器的直流输出电压都会保持稳定。

直流稳压电源可以分类两类,包括线性稳压电源和开关稳压电源。

二、电气控制柜的安装

1. 电气控制柜的设计原则

将伺服驱动器、可编程控制器、滤波器等电气元件集成到电气控制柜中,使各电气元件与机械手本体实现分离,这是针对以电气元件与机械手本体为一体的所出现的在运输过程中,接线剥落、元件容易在运输中损坏、卸载后又要重新安装的问题而改进设计的。

电气控制柜可完成对被控对象的集中操作和监视,提高自动化程度,同时将被控对象的运行状态等信息上传至控制中心。

安装刀开关,使它在整个电源的通断中起到控制作用。

采用自复式熔断器,对电路有限流作用,起到闸开关、熔断器、热继电器和欠压继电器的组合作用,是一种能自动切断电路故障的保护电路。

2. 电气元件在电气控制柜中的摆放设计

(1)机械结构

外部接插件、显示器件等安防位置应整齐,特别是板上各种不同的接插件须从机箱后部直接伸出时,更应从三维角度考虑器件的安放位置。板内部接插件放置上应考虑总装时机箱内线束的美观。

(2)散热

板上有发热较多的器件时应考虑加散热器甚至风机,并与周围电解电容、晶振等怕热元器件隔开一定的距离;竖放的板子应把发热元器件放置在板的最上面,双面放元器件时底层不得放发热元器件。

(3)电磁干扰

元器件在电路板上排列的位置要充分考虑抗电磁干扰问题。

(4)布线

在元器件布局时,必须全局考虑电路板上元器件的布线,一般的原则是布线最短,应将有连线的元器件尽量放置在一起。

3. 电气控制柜安装准备工作

(1)划线打孔

电气控制柜的口径和数量应按所穿线的数量和防水接头的型号来确定。穿线孔的位置:孔中心到电气控制柜后板的距离为 50 mm,开孔孔距为 70 mm。可根据需要开孔的数量和电气控制柜尺寸做适当调整。

用铅笔在电气控制柜上标出位置,再选用合适的扩孔器在电气控制柜上打孔,打孔完毕后用锉刀将毛刺修理干净。将电气控制柜内外的铁屑清理干净。

(2)安装锯齿线槽

线槽又名走线槽、配线槽、行线槽,用来将电源线、数据线等线材规范地整理、固定在墙上或者天花板上的电工用具。线槽包括一基座及一上盖。该基座为上窄下宽的形状,且具有一开口朝上的容置空间,如图 4-26 所示。电线置于线槽中不会露出开口外,使上盖可轻易地套盖在基座上,基座的上窄下宽形状有美化环境的效果。一般有塑料材质和金属材质两种,可以起到不同的作用。

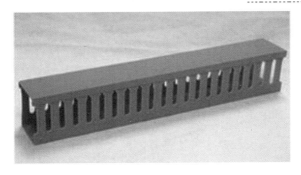

图 4-26　锯齿线槽实物

（3）线槽安装方法及要求

线槽应平整，无扭曲变形，内壁无毛刺，各种附件齐全。

线槽的接口应平整，接缝处应紧密平直。槽盖装上后应平整，无翘角，出线口的位置准确。

线槽经过变形缝时，线槽本身应断开，线槽内用连接板连接，不得固定。

不允许将穿过墙壁的线槽与墙上的孔洞一起抹死。

线槽的所有非导电部分的铁件均应相互连接和跨接，使之成为一连续导体，并做好整体接地。

当线槽的底板对地距离低于 2.4 m 时，线槽本板和线槽盖板均必须加装保护地线。2.4 m 以上的线槽盖板可不加保护地线。

线槽经过建筑物的变形缝时，线槽本身应断开，槽内用内连接板搭接，无须固定。保护地线和槽内导线均应留有补偿余量。

固定方法视环境和工具而定，一般用方锤打钢钉固定，用气动的钢钉枪或者电动钉枪固定线槽应该是较快速的方法。

（4）线槽的安装顺序

先放置四周的锯齿线槽，再放置中间的锯齿线槽，最后进行固定。

（5）安装接线端子

接线端子是为了方便导线的连接而应用的，它其实就是一段封在绝缘塑料里面的金属片，两端都有孔可以插入导线，有螺丝用于紧固或者松开，比如两根导线，有时需要连接，有时又需要断开，这时就可以用端子把它们连接起来，并且可以随时断开，而不必把它们焊接起来或者缠绕在一起，很方便快捷。

4. 电气控制柜安装元器件

（1）安装伺服驱动器

伺服驱动器又称为"伺服控制器""伺服放大器"，如图 4-27 所示，是用来控制伺服电机的一种控制器，其作用类似于变频器作用于普通交流马达，属于伺服系统的一部分，主要应用于高精度的定位系统。一般是通过位置、速度和力矩三种方式对伺服马达进行控制，实现高精度的传动系统定位。

如何正确安装伺服驱动器，介绍方法步骤如下：

①安装位置：室内、无水、无粉尘、无腐蚀气体、良好通风；

②如何安装：垂直安装，通风良好。

（2）安装 PLC

可编程逻辑控制器（PLC）是种专门为在工业环境下应用而设计的数字运算操作电子系统。

为保证可编程控制器工作的可靠性，尽可能地延长其使用寿命，在安装时一定要注意周围的环境，其安装场合应该满足以下几点：

①环境温度在 0~55 ℃。

②环境相对湿度应在 35%~85%。

③周围无易燃和腐蚀性气体。

④周围无过量的灰尘和金属微粒。

⑤避免过度的震动和冲击。

⑥不能受太阳光的直接照射或水的溅射。

（3）PLC 系统的安装

FX 系列可编程控制器的安装方法有底板安装和 DIN 导轨安装两种方法。

（4）PLC 系统的接线

PLC 系统的接线主要包括电源接线、接地、I/O 接线及对扩展单元接线等。

（5）安装断路器

如图 4-28 所示，安装断路器的注意事项如下。

图 4-27　伺服驱动器

图 4-28　断路器实物图

①被保护回路电源线，包括相线和中性线均应穿入零序电流互感器。

②穿入零序互感器的一段电源线应用绝缘带包扎紧，捆成一束后由零序电流互感器孔的中心穿入。这样做主要是消除由于导线位置不对称而在铁芯中产生不平衡磁通的现象。

③由零序互感器引出的零线，不可以重复接地，否则在三相负荷不平衡的时候就会产生不平衡的电流，就不会全部从零线返回，只有一部分会从大地返回。所以通过零序电流互感器电流的向量和不可以为零，当二次线圈有输出的时候，就可能会造成错误的动作。

④每一保护回路的零线，均应专用，不得就近搭接，不得将零线相互连接，否则三相的不平衡电流或单相触电保护器相线的电流，将有部分分流到相连接的不同保护回路的零线上，会使两个回路的零序电流互感器铁芯产生不平衡磁动势。

⑤断路器安装好后，通电，按试验按钮试跳。

（6）安装开关电源

先要统计一下用电设备所需要的电压等级与功率，选择开关电源。从左到右，从上到下，按照电路电气元件的顺序安装。因此电源应安装在电气控制柜的左上方。

（7）继电器的安装

①安装方向：正确的安装方向对于实现继电器最佳性能非常重要。

②使用插座：当使用插座时，应保证插座安装牢固，继电器引脚与插座接触可靠，安装孔与插座配合良好并正确使用插座及继电器安装支架。

③清洗工艺：塑封式继电器的清洗应采用适当的清洗剂，建议使用氟利昂或酒精。

④运输和安装：继电器是一种精密机械，因此对滥用运输方式非常敏感，在制造过程中已采用了许多方法使继电器在运输过程中得到更好的保护，因此在进厂检验以及用户以后的使用安装中，不要破坏继电器的初始性能。

（8）风扇的安装

风扇冷却模块是电气控制柜中不可或缺的组成部分，它起着控制柜内温度、冷却设备的重要作用。在电气控制柜机柜设计过程中，通常考虑以下几点：

①电气控制柜和主设备箱体通常采用分体式或电气控制柜内置式结构。

②电气控制柜通常采用自然通风设计，不要忘记加防尘网、滤网，防护等级较主设备箱体较低。

③主设备箱体防护等级较高，设计时要充分考虑机柜的密封性。

（9）安装保险丝

安装保险丝的正确方法是：

①固定熔丝应加平垫片。

②熔丝端头绕向应与螺钉旋转方向一致，而且熔丝端头绕向不重叠。

③固定熔丝的螺钉不要拧得过紧或过松，以接触良好又不损伤熔丝为佳。

④当一根熔丝容量不够，需要多根并联使用时，彼此不能绞扭在一起，且应计算好熔丝的大小。

⑤不要将熔丝拉得过紧或过于弯曲，以稍松些为好。

5. 电气控制柜连接

（1）电气控制柜内电路接线配线应符合的要求

①按图施工，接线正确。

②导线与电气元件间采用螺钉连接，插拔或压接线等，均应牢固可靠。

③电气控制柜内的导线不应有接头，导线芯线应无破损。

④每个接线端子的每侧接线宜为1根，不得超过2根。

⑤对于插拔式接线端子，不同截面的两根导线不得接在同一接线端子上；对于螺钉式接线端子，当接两根导线时，中间应加平垫片。

⑥电路接地应设专用螺栓。

⑦动力配线电路采用电压不低于 500 V 的铜芯绝缘导线，在满足载流量和电压降及有足够机械强度的情况下，可采用不小于 0.5 mm² 截面的绝缘导线。

（2）连接可动部位的导线应符合的要求

对连接门上的电器、控制台板等可动部位的导线应符合下列规定：

①应采取多股软导线，敷设长度应有适当余量。

②线束应有外套塑料管等加强绝缘层。

③与电器连接时，端部应绞紧，不得松散、断股。

④在可动部位两端用卡子固定。

（3）引入电气控制柜电缆应符合的要求

①引入电气控制柜内的电缆应排列整齐，编号清晰，避免交叉，固定牢固，不得使所接的端子排机械受力。

②电缆在进入电气控制柜后，应该用卡子固定和扎紧，并应接地。用于静态保护、控制等逻辑回路的控制电缆，应采用屏蔽层。其屏蔽层应按设计要求的接地方式接地。

③橡胶绝缘的芯线应外套绝缘管保护。电气控制柜内的电缆芯线应按垂直或水平有规律地配置，不得任意歪斜、交叉连接。备用芯线长度应有适当裕度。

④强弱电回路不应使用同一根电缆，并应分别成束分开排列。

⑤直流回路中有水银接点的电器，电源正极应接到水银侧接点的一端。

⑥在油污环境，应采用耐油的绝缘导线，橡胶或塑料绝缘导线应采取防护措施。

（4）检查电气控制柜

电气控制柜装配完，应按下列要求进行检查：

①电气控制柜的固定极接地应可靠，电气控制柜漆层应完好、清洁、整齐。

②电气控制柜内安装电器元件应齐全完好，安装位置正确，固定牢固。

③电气控制柜内接线应准确，连接可靠，标志齐全清晰，绝缘符合要求。

④电气控制柜门锁可靠。

⑤电气控制柜冷却、照明装置齐全。

⑥电气控制柜的安装质量验收要求应符合国家现行有关标准规范的规定。

⑦电气控制柜应有防潮、防尘和耐热性能，按国家现行标准要求验收。

⑧电气控制柜内及管道安装完成后，应做好封堵。

⑨操作及联动试验，应符合设计要求。

（5）电线电缆安装前检查

①电缆型号、规格、长度、绝缘强度、耐热、耐压、正常工作进载流量、电压降、最小截面积、机械性能应符合技术要求。

②电缆外观不应受损。

③电缆封严密。

（6）接线配线检查

接线配线应按下列要求进行检查：

①接线配线规格应符合规定。

②排列整齐，无机械损伤；标志牌应装设齐全、正确、清晰。电缆的固定、弯曲半径、有关距离和单芯电力电缆的金属护层的接线、相序排列等应符合要求。电缆终端、电缆接头应安装牢固，接触良好。接地应良好。

③接地电阻应符合设计。电缆终端的相色应正确，电缆支架等的金属部件防腐层应完

好。电缆内应无杂物,盖板齐全。连接牢固,没有意外松脱的风险。连接标志与图纸一致。线缆识别标记应清晰、耐久。电缆铺设应无接头。线缆颜色区别与图纸一致。引出电气控制柜的控制线应用插头、插座。

(7)连线时要做到以下六个"注意"

①注意顺序。所谓的顺序是指按照给定的电路图中器件的顺序连接实物图,在连接实物图的过程中各个器件的顺序不能颠倒。一般的画序:电源正极→开关→用电器→电源负极。

②注意量程。电路中若有电表,那么电表的量程必须注意选择,不要造成量程不当。如果电源是两节干电池,则电压表的量程为 3 V,再根据其他条件估算电路中的最大电流,确定电流表的量程。

③注意正负。由于电表有多个接线柱且有正负接线柱之分,我们要在正确选择量程的基础上,看准是用正接线柱还是负接线柱,保证电流从电流表和电压表的正接线柱流进,从负接线柱流出。

④注意交叉。根据电路图连接实物图时,一般要求导线不能交叉,注意合理安排导线的位置,力求画出简洁、流畅的实物图。

⑤注意符号。根据实物图画电路图时,电路中的各个电器原件一定要用统一规定的物理符号。

⑥注意连接。根据实物图画电路图时,线路要画得简洁、美观、整齐,导线应注意横平竖直及导线器件间不能断开。

任务四 工业机器人的电气调节

工业机器人的电气调试内容主要包括:电气控制柜调试和机器人电机调试。电气调试的目的是为了检测机器人电气安装后能否达到预期的工作状态。

一、电气控制柜调试

(1)打开机器人电气控制柜门。

(2)手动开启总电源,对电气控制柜下部分断路器送电。当电气控制柜指示灯亮时,控制器接线无异常,如图 4-29 所示。

(3)使用万用表,对电源开关电压进行测试。主电源电压应为 380 V,辅电源开关电压应为 220 V,如图 4-29 所示。如有缺相,请及时检查电缆线或断路器是否损坏。

(4)检查完毕后须将主电源断电,关闭柜门并锁好。

二、调试电气控制柜和 PLC 程序注意事项

1. 根据图纸检查电路

通用可编程控制器系统的绘图包括两部分:内部绘图和外部绘图。机柜图是指机柜内部的接线图;外部图是所有出线电气控制柜的接线图。这部分需要检查图纸设计是否合

✤ 理,包括各部件的容量等。检查所有部件是否严格按照图纸连接。在这个过程中,最重要的是检查电源,确保回路中没有短路。

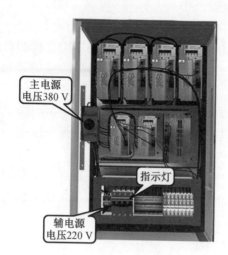

主电源
电压380 V

指示灯

辅电源
电压220 V

图 4-29　电气控制柜

2. 保证强电和弱电不混在一起

由于 PLC 的电源为 24 V,一旦 220 V 电压因接线错误接入 PLC,很容易烧毁 PLC 或扩展模块。

3. 检查 PLC 的外部电路

电源确认后,送电,测试输入输出(IO)点,俗称"打点"。测试 IO 点需要逐一测试,包括操作按钮、急停按钮、操作指示灯、气缸及其限位开关等。具体来说,一个人操作现场侧按钮,另一个人监控 PLC 中的输入和输出信号。对于大规模系统,应建立测试表,即测试要有标记。如果在施工过程中发现接线错误,需要立即处理。这一步需要注意的是,需要对程序进行备份,然后清空或禁用 PLC 中的程序,避免测试导致设备的动作。

4. 检查机械结构并测试电机负载

在此步骤中,需要检查机械结构是否紧固,电机负载是否得到适当保护,以避免事故发生。检查后需要手动测试设备的运行情况,如正反转电机,测试电路是否完好,是否带电试运行,变频器设置相应参数,进行电机优化、静态识别或动态识别等。这里需要注意的是,一些特殊的载荷,如垂直移动的载荷,应由专业人员进行,以避免因控制不当而导致的试验事故。

5. 调试手动/半自动模式及相关逻辑关系

测试 IO 点和负载端后,下一步是手动模式调试。这里,手动模式也可以称为半自动模式。不是直接用手按电磁阀或接触器,而是指通过按钮或人机接口(HMI)按钮驱动设备,对应自动状态。手动模式测试可以根据人的意愿分解自动模式,方便测试程序。这个环节最重要的是测试安全功能,即设备运行时急停、安全光栅等安全功能是否起到相应的作用。

6. 根据生产流程调试自动模式

半自动调试完成后,可以进一步调试自动化。这个环节是最重要的,需要根据生产过程测试各种联锁,包括逻辑联锁和安全联锁。然后测试几个工作周期,以确保系统能够连续正确地工作。

7.特殊过程的测试

除了逻辑控制,PLC 系统还有很多扩展功能,如比例-积分-微分(PID)控制。当逻辑调试基本完成后,即可开始调试仿真和脉冲控制。最重要的是选择合适的控制参数。一般来说,这个过程比较长。要有耐心,对参数做多种选择,然后选择最好的。在一些可编程控制器中,PID 参数可以通过自整定获得。然而,这个自我调整的过程也需要很长时间才能完成。

三、机器人电机调试

伺服电机是指在伺服系统中控制机械元件运转的发动机,是一种补助马达间接变速装置。

伺服电机可以控制速度,位置精度非常准确,可以将电压信号转化为转矩和转速以驱动控制对象。

伺服电机转速受输入信号控制,并能快速反应,在自动控制系统中,用作执行元件,且具有机电时间常数小、线性度高、始动电压等特性,可把所收到的电信号转换成电动机轴上的角位移或角速度输出。

伺服电机的调试方法如下。

1.初始化参数

在接线之前,先初始化参数。

在控制卡上:选好控制方式;将 PID 参数清零;让控制卡上电时默认使能信号关闭;将此状态保存,确保控制卡再次上电时即为此状态。

在伺服电机上:设置控制方式;设置使能由外部控制;编码器信号输出的齿轮比;设置控制信号与电机转速的比例关系。

一般来说,建议使伺服工作中的最大设计转速对应 9 V 的控制电压。

2.接线

将控制卡断电,连接控制卡与伺服之间的信号线。

以下的线是必须要接的:控制卡的模拟量输出线、使能信号线、伺服输出的编码器信号线。

复查接线没有错误后,伺服电机和控制卡(以及 PC)上电。

此时电机应该不动,而且可以用外力轻松转动,如果不是这样,检查使能信号的设置与接线。

用外力转动电机,检查控制卡是否可以正确检测到电机位置的变化,否则检查编码器信号的接线和设置。

3.试方向

对于一个闭环控制系统,如果反馈信号的方向不正确,后果肯定是灾难性的。

通过控制卡打开伺服的使能信号。这时伺服应该以一个较低的速度转动,这就是传说中的"零漂"。

一般控制卡上都会有抑制零漂的指令或参数。使用这个指令或参数,看电机的转速和方向是否可以通过这个指令(参数)控制。

如果不能控制,检查模拟量接线及控制方式的参数设置。

确认给出正数,电机正转,编码器计数增加;给出负数,电机反转,编码器计数减小。

如果电机带有负载,行程有限,不要采用这种方式。

测试不要给过大的电压,建议在 1 V 以下。

如果方向不一致,可以修改控制卡或电机上的参数,使其一致。

4. 抑制零漂

在闭环控制过程中,零漂的存在会对控制效果有一定的影响,最好将其抑制住。

使用控制卡或伺服上抑制零漂的参数,仔细调整,使电机的转速趋近于零。

由于零漂本身也有一定的随机性,所以,不必要求电机转速绝对为零。

5. 建立闭环控制

再次通过控制卡将伺服使能信号放开,在控制卡上输入一个较小的比例增益。这时,电机应该已经能够按照运动指令大致做出动作了。

6. 调整闭环参数

细调控制参数,确保电机按照控制卡的指令运动。

四、伺服电机的注意事项

1. 伺服电机油和水的保护

①伺服电机可以用在会受水或油滴侵袭的场所,但是它不是全防水或防油的。因此,伺服电机不应当放置或使用在水中或油浸的环境中。

②如果伺服电机连接到一个减速齿轮,使用伺服电机时应当加油封,以防止减速齿轮的油进入伺服电机。

③伺服电机的电缆不要浸没在油或水中。

2. 伺服电机电缆

①确保电缆不因外部弯曲力或自身质量而受到力矩或垂直负荷,尤其是在电缆出口处或连接处。

②在伺服电机移动的情况下,应把电缆(就是随电机配置的那根)牢固地固定到一个静止的部分(相对电机),并且应当用一个装在电缆支座里的附加电缆来延长它,这样弯曲应力可以减到最小。

③电缆的弯头半径做到尽可能大。

3. 伺服电机允许的轴端负载

①确保在安装和运转时加到伺服电机轴上的径向和轴向负载控制在每种型号的规定值以内。

②在安装一个刚性联轴器时要格外小心,特别是过度的弯曲负载可能导致轴端和轴承的损坏或磨损。

③最好用柔性联轴器,以便使径向负载低于允许值,此物是专为高机械强度的伺服电机设计的。

4. 伺服电机安装注意

①在安装/拆卸耦合部件到伺服电机轴端时,不要用锤子直接敲打轴端。

②竭力使轴端对齐到最佳状态。

本 章 小 结

控制系统由硬件和软件两部分组成,其中硬件系统包括传感装置、控制装置和关节伺服驱动部分,软件系统包括运动轨迹规划算法和关节伺服控制算法。控制系统的功能是根据指令以及传感信息控制机器人在工作空间中的运动位置、姿态和轨迹、操作顺序及动作的时间等作业,主要有示教再现和运动控制两大功能。

通过电气控制柜,工业机器人正常运行时可借助手动或自动开关接通或分断电路;故障或不正常运行时借助保护电器切断电路或报警;借助测量仪表可显示运行中的各种参数;还可对某些电气参数进行调整,对偏离正常工作状态进行提示或发出信号。学生应掌握电气控制柜外部的电源控制单元以及内部的控制器单元、I/O控制模块、其他控制单元的各自作用。

工业机器人的电气调试内容主要包括:电气控制柜调试和机器人电机调试。电气调试的目的是为了检测机器人电气安装后能否达到预期的工作状态。

【习题作业】

1.工业机器人电气控制系统主要由哪些部件组成?

2.工业机器人电气控制系统的体系结构主要有哪些?

3.ABB工业机器人控制器的作用及结构组成是什么?

4.电气控制柜的安装方法是什么?

5.电气控制柜的调试步骤是什么?

项目五　工业机器人安全使用

　　工业机器人是综合应用计算机、自动控制、自动检测及精密机械装置等高新技术的产物，是技术密集度及自动化程度很高的典型机电一体化加工设备。使用工业机器人的优越性是显而易见的，不仅精度高，产品质量稳定，且自动化程度极高，可大大减轻工人的劳动强度，大大提高生产效率，特别值得一提的是工业机器人可完成一般人工操作难以完成的精密工作，如激光切割、精密装配等，因而工业机器人在自动化生产中的地位愈来愈重要。但是，要清醒地认识到，能否达到工业机器人以上所述的优点，还要看操作者在生产中能不能恰当、正确地使用。"安全第一"是安全生产方针的基础，当安全与生产发生矛盾时，必须要先解决安全问题，保证劳动者在安全的条件下进行生产劳动。只有在保证安全的前提下，生产才可以正常进行，才能够充分发挥职工的生产积极性，提高劳动生产率，促进我国经济建设的发展和保持社会的稳定。安全工作千千万，必须始终将预防作为主要任务予以先行考虑，防患于未然，将可能发生的事故消弭于事故发生以前。生产必须安全，在施工作业以前，必须积极克服生产中的不安全、不卫生因素，防止伤亡事故的发生，使劳动者在安全、卫生的条件下顺利进行工业机器人示教、生产劳动。

　　因此，本章节围绕工业机器人的安全使用，从工业机器人的危险源、工业机器人的安全设备与工业机器人的安全使用规范三个方面进行讲解，目的在于通过学习本章节，使工业机器人操作者合理、正确地进行示教与操作，以保证工业机器人的优越性得以充分发挥，减少工业机器人因不当操作而损坏。

【学习目标】

1. 掌握工业机器人的危险源；
2. 了解工业机器人工业生产前与生产过程中存在的风险；
3. 掌握工业机器人的常见安全设备及其使用方法；
4. 掌握工业机器人的安全使用规范，了解工业机器人的安全规程。

【知识储备】

任务一　工业机器人的危险源

一、工业机器人危险源

　　工业机器人潜在的危险源可能来自设备方面、设备的构建和安装以及相互关系方面。日常使用中应对这些潜在的危险源着重关注。

工业机器人的危险源包含以下方面。

1. 故障设施失效引起的危险

(1)安全保护设施的移动或拆卸,如隔栏、现场传感装置、光幕等的移动或拆卸而造成的危险;控制电路、器件或部件的拆卸而造成的危险。

(2)动力源或配电系统失效或故障,如掉电、突然短路、断路等。

(3)控制电路、装置或元器件失效或发生故障。

2. 机械部件运动引起的危险

(1)机器人部件运动,如大臂回转、俯仰、小臂弯曲、手腕旋转等引起的挤压、撞击和夹住,夹住工件的脱落、抛射。

(2)与机器人系统的其他部件或工作区内其他设备相连部件运动引起的挤压、撞击和夹住,或工作台上夹具所夹持工件的脱落、抛射形成的刺伤、扎伤,或末端执行器如喷枪、高压水切割枪的喷射,焊炬焊接时熔渣的飞溅等。

3. 储能和动力源引起的危险

(1)在机器人系统或外围设备的运动部件中弹性元件能量的积累引起元件的损坏而形成的危险。

(2)在电力传输或流体的动力部件中形成的危险,如触电、静电、短路,液体或气体压力超过额定值而使运动部件加速、减速形成意外伤害。

4. 危险气体、材料或条件引起的危险

(1)易燃、易爆环境,如机器人用于喷漆、搬运炸药。

(2)腐蚀或侵蚀,如接触各类酸、碱等腐蚀性液体。

(3)放射性环境,如在辐射环境中应用机器人进行各种作业,采用激光工具切割的作业。

(4)极高温或极低温环境,如在高温炉边进行搬运作业,由热辐射引起燃烧或烫伤。

5. 由噪声等干扰引起的危险

(1)导致听力损伤和对语言通信及听觉信号产生干扰。

(2)电磁、静电、射频干扰,使机器人及其系统和周边设备产生误动作,意外启动或控制失效而形成的各种危险运动。

(3)振动和冲击,使连接部分断裂、脱开,使设备损坏,或产生对人员的伤害。

6. 人为差错引起的危险

(1)设计、开发、制造(包括人类工效学考虑),如在设计时,未考虑对人员的防护;末端夹持器没有足够的夹持力,容易滑脱夹持件;动力源和传输系统没有考虑动力消失或变化时的预防措施;控制系统没有采取有效的抗干扰措施;系统构成和设备布置时,设备间没有足够的间距;布置不合理等形成潜在的、无意识的启动、失控等。

(2)安装和试运行(包括通道、照明和噪声),如由于机器人系统及外围设备和安全装置安装不到位,或安装不牢固,或未安装过渡阶段的临时防护装置,形成试运行期间运动的随意性,造成对调试和示教人员的伤害;通道太窄,照明达不到要求,使人员遇见紧急事故时,不能安全迅速撤离,而对人员造成伤害。

(3)功能测试,机器人系统和外围设备包括安全器件及防护装置,在安装到位和可靠后,要进行各项功能的测试,但由于人员的误操作,或未及时检测各项安全及防护功能而使

❖ 设备及系统在工作时造成故障和失效,从而对操作、编程和维修人员造成伤害。

(4)应用和使用,未按制造厂商的使用说明书进行应用和使用,从而造成对人员或设备的损伤。

(5)编程和程序验证,当要求示教人员和程序验证人员在安全防护空间内进行工作时,要按照制造厂商的操作说明书的步骤进行。但由于示教人员或程序验证人员的疏忽而造成误动作、误操作,或安全防护空间内进入其他人员时,启动机器人运动而引起对人员的伤害,或按规定应采用低速示教,由于疏忽而采用高速造成对人员的伤害等,特别是系统中具有多台机器人时,在安全防护区内有数人进行示教和程序校验而造成对其他设备和人员伤害的危险。

7. 机器人系统或辅助部件的移动、搬运或更换而产生的潜在危险

由于机器人用途的变更、作业对象的变换或机器人系统及其外围设备产生故障,经过修复、更换部件而使整个系统或部件重新设置、连接、安装等形成的对设备和人员伤害的潜在危险。

二、工业机器人工业生产过程存在的风险

上小节对工业机器人设备存在的危险源进行了介绍,本小节针对工业机器人系统中存在的安全风险进行说明。工业机器人系统中存在的安全风险主要包括五个方面:工业机器人系统非电压相关的安全风险、工业机器人系统电压相关的安全风险、工业机器人的控制柜带电风险、静电风险与发热部件可能会导致的灼伤。

1. 工业机器人系统非电压相关的安全风险

(1)工业机器人的工作空间前方必须设置安全区域,防止他人擅自进入,可以配备安全光栅或感应装置作为配套装置。

(2)如果工业机器人采用空中安装、悬挂或其他并非直接坐落于地面的安装方式可能会比直接坐落于地面的安装方式存在更多的安全风险。

(3)在释放制动闸时,工业机器人的关节轴会受到重力影响而坠落。除了可能受到运动的工业机器人部件撞击外,还可能受到平行手臂的挤压(如有此部件)。

(4)工业机器人中存储的用于平衡某些关节轴的电量可能在拆卸工业机器人或其部件时释放。

(5)在拆卸/组装机械单元时,请提防掉落的物体。

(6)注意运行中或运行结束的工业机器人及控制器中存在的热能在实际触摸之前,务必先用手在一定距离感受可能会变热的组件是否有热辐射。如果要拆卸可能会变热的组件,请等到它冷却后,或者采用其他方式进行预处理。

(7)切勿将工业机器人当作梯子使用,这可能会损坏工业机器人,由于工业机器人的电动机可能会产生高温或工业机器人可能会发生漏油现象,所以攀爬工业机器人会存在滑倒风险。

2. 工业机器人系统电压相关的安全风险

(1)尽管有时需要在通电情况下进行故障排除,但是在维修故障、断开或连接各单元时必须关闭工业机器人系统的主电源开关。

(2)工业机器人主电源的连接方式必须保证操作人员可以在工业机器人的工作空间之

外关闭整个工业机器人系统。

（3）在系统上操作时,确保没有其他人可以打开工业机器人系统的电源。

（4）控制器的部件伴有高压危险。

（5）工业机器人以下部件伴有高压危险：电动机电源（高达 800 V DC）、末端执行器或系统中其他部件的用户连接（最高 230 V AC）。

（6）需要注意末端执行器、物料搬运装置等的带电风险。

另外,在利用工业机器人从事工业生产前,也要注意以下方面：

（1）只有熟悉工业机器人并且经过工业机器人相关方面培训的人员才允许装调与编程工业机器人。作业人员须正确穿戴工业机器人安全作业服和安全防护装备。

（2）投入电源时,请确认机器人的动作范围内没有作业人员。同时必须切断电源后,方可进入机器人的动作范围内进行作业。

（3）装调与编程工业机器人的人员在饮酒、服用药品或兴奋药物后,不得装调与编程工业机器人。

（4）在装调与编程工业机器人时必须使用符合要求的专用工具,装调与编程工业机器人的人员必须严格按照说明手册或安全操作指导书中的步骤进行。

（5）装调与编程等作业必须在通电状态下进行时,此时应两人一组进行作业。一人保持可立即按下紧急停止按钮的姿势,另一人则在机器人的动作范围内,保持警惕并迅速进行作业。此外,应确认好撤退路径后再行作业。

（6）示教作业完成后,应以低速状态手动检查机器人的动作。如果立即在自动模式下,以 100% 速度运行,会因程序错误等因素导致事故发生。

（7）示教作业时,应先确认程序号码或步骤号码,再进行作业。错误地编辑程序和步骤,会导致事故发生。对于已经完成的程序,使用存储保护功能,防止误编辑。

（8）作业人员在作业中,也应随时保持逃生意识。必须确保在紧急情况下,可以立即逃生。

（9）时刻注意机器人的动作,不得背向机器人进行作业。对机器人的动作反应缓慢,也会导致事故发生。发现有异常时,应立即按下紧急停止按钮。必须彻底贯彻执行此规定。

3. 工业机器人的控制柜带电风险

这一点要格外注意,即使在主开关关闭的情况下,工业机器人控制柜里的部分器件都是一直带电的,并且会造成人身的伤害,所以尤其在对工业机器人进行装调操作时,打开机器人控制器背面的护盖后,要注意其右下侧的变压器端子,因为即使主电源断电,端子也仍然带电。机器人工作时,不允许打开控制柜的门,柜门必须具备报警装置,在其被误打开时,必须强制停止机器人工作;注意伺服工作时,存在高压电能,所以不可随意触摸伺服,尤其是伺服的出现端子,以防发生触电事故;伺服维修时,必须等伺服的 power 指示灯彻底熄灭,伺服内部电容完全放电后才可维修,否则容易发生触电事故;控制柜的主电线缆均为高压线缆,应远离这些线缆以及线缆上的电气器件,以防发生触电事故;控制柜内如有变压器,应当远离变压器的周边,以防发生触电事故;即使控制柜的旋转开关已关断,也应注意控制柜内是否残留有电流,不可随意触摸、拆卸控制柜内器件,一定要注意,旋转开关断开的是开关电路,开关前面的器件依然带电,必要时,请断开控制柜的电源。

4. 静电风险

ESD 名为静电放电，是由电势不同的两个物体间的静电传导产生的，它可以通过直接接触传导，也可以通过感应电场传导。当搬运部件或其容器时，未接地的人员可能会传导大量的静电荷，这一放电过程可能会损坏灵敏的电子装置。在天气寒冷干燥时，人体特别容易积累静电，此时如果进行工业机器人本体或者控制柜的检修，就会导致发生 ESD。

5. 发热部件可能会导致的灼伤

在工业机器人正常运行期间，许多工业机器人的部件会发热，尤其是驱动电机与齿轮箱，触摸它们可能会导致不同程度的灼伤，在控制柜中，驱动部件的温度可能会更高。因此如果要触摸这类部件，务必先使用测温工具对其进行温度测量，或者等到其冷却后再进行拆卸。

任务二　工业机器人的安全设备

工业机器人安全装置是保护人身安全和机器人安全的外部条件，安全装置的设立必须符合国家相关安全标准。因此应熟悉工业机器人中常见安全设备的使用，进而保证操作人员在示教过程中的安全。工业机器人的主要安全设备如图 5-1 所示。

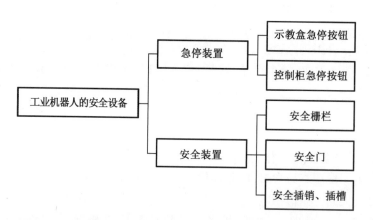

图 5-1　工业机器人的主要安全设备

一、工业机器人的急停装置

工业机器人的急停装置主要包含以下两类。

1. 示教盒急停按钮

按下示教器上的急停键，此时电机电源未被切断，但机器人立刻停止；松开急停键后，机器人恢复再现操作。示教盒的急停按钮如图 5-2 所示。

2. 控制柜急停按钮

按下控制柜上的急停键，此时电机电源被切断，机器人立刻停止；将控制柜上的急停键向右旋转，然后按下控制柜上的电源开关键接通伺服电源，之后重启机器人才可重新进行再现操作。控制柜上的急停按钮如图 5-3 所示。

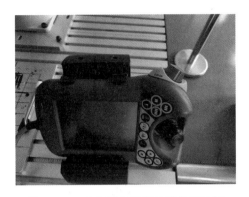

图 5-2　工业机器人示教盒的急停按钮

图 5-3　工业机器人控制柜上的急停按钮

二、工业机器人的安全装置

1. 安全栅栏

安全栅栏主要用于限制和防止工业机器人在特定范围内的活动,从而达到消除、减轻安全隐患的目的。关于工业机器人工作环境的安全栅栏,需要注意:栅栏必须能够抵挡可预见的操作及周围冲击;栅栏不能有尖锐的边沿和凸出物,并且它本身不是引起危险的根源;栅栏防止人们通过打开互锁设备以外的其他方式进入机器人的保护区域内(即非安全区域);栅栏是永久固定在一个地方的,只有借助工具才能使其移动;栅栏要尽可能地不妨碍生产过程;栅栏应该安置在距离机器人最大运动范围有足够距离的地方;栅栏需要接地,以防止发生触电事故。

2. 安全门和安全插销、插槽

同安全栅栏类似,安全门和安全插销、插槽也有几点需要注意:除非安全门关闭,否则机器人不能自动运行;安全门关闭前,不能重新启动机器人再现运行,这是操作人员必须要考虑的;安全门利用安全插销和安全插槽来固定,必须选择合适尺寸;安全门必须在危险发生前一直保持关闭状态(带保护闸的防护装置)或者是在机器人运行时打开安全门就能发送停止或急停命令(互锁的防护装置)。

3. 轴电动机制动闸

因为工业机器人本体的各个轴都比较沉重,所以每一个轴电动机都会配备制动闸,用于在工业机器人本体非运行状态时对轴电动机进行制动。如果没有连接制动闸、连接错误、制动闸损坏或者任何故障导致制动闸无法使用,都会发生危险,比如如果轴 2、轴 3 与轴 5 的制动闸出问题,那么很容易造成对应轴臂的跌落,导致出现安全事故。

4. 断气保护装置

采用单向阀和储气罐,确保焊接机器人突然断气后不会发生意外伤人,并能提供持续稳定的工作压力。夹具设有截止阀,确保在系统突然出现漏气时,夹具不会松开。

5. 低压报警装置

当气源工作异常时,实时侦测并及时给予安全警示信号,提醒操作者迅速采取措施。

6. 误操作保护装置

监控机械臂运动速度,防止误操作时机械臂快速上升或下降时引起意外伤人。

7. 增压装置

当现场气源压力不高或压力不稳定时,可选用增压装置,提高气源工作压力,保证系统正常工作。

8. 承重极限保护装置

当焊接机器人抓取超重的工件时,就会发出报警,严重超重时安全阀打开,防止发生危险。

9. 刹车装置

在焊接机器人的链接关节处均设有刹车装置,以防止焊接机器人旋转或松脱,当工作结束后用以停放焊接机器人。

任务三　工业机器人的安全使用规范

一、工业机器人安全操作注意事项

通过之前的学习,我们已经对工业机器人的危险源与工业机器人的安全设备有所认知,但是在实际的示教过程中,还应掌握一些工业机器人的安全使用规程,进而充分保障示教者的安全与工业机器人的性能。为了人身安全和机器人安全,在工业机器人投入使用前和使用过程中,应严格遵守安全使用规范。

对于工业机器人的安全规程,需要注意几个方面:

首先,由于工业机器人的使用有一定的难度,因为工业机器人是典型的机电一体化产品,它牵涉的知识面较宽,即操作者应具有机、电、液、气等更宽广的专业知识,因此对操作人员提出的素质要求是很高的。目前,一个不可忽视的现象是工业机器人的用户越来越多,但工业机器人利用率还不算高,当然有时是生产任务不饱和,但还有一个更为关键的因素是工业机器人操作人员素质不够高,碰到一些问题不知如何处理。这就要求使用者具有较高的素质,能冷静对待问题,头脑清醒,现场判断能力强,当然还应具有较扎实的自动化控制技术基础等。

其次,不管什么应用的工业机器人,它都有一套自己的安全操作规程。它既是保证操作人员安全的重要措施,也是保证设备安全、产品质量等的重要措施。使用者在初次进行机器人操作时,必须认真地阅读设备提供商提供的使用说明书,按照操作规程正确操作。如果机器人在第一次使用或长期没有使用时,先慢速手动操作其各轴进行运动(如有需要时,还要进行机械原点的校准),这些对初学者更应引起足够的重视。

再次,工业机器人购进后,如果它的开动率不高,这不但使用户投入的资金不能起到再生产的作用,还有一个令人担忧的问题是很可能因过保修期,设备发生故障需要支付额外的维修费用。在保修期内尽量多发现问题,平常缺少生产任务时,也不能空闲不用,这不是对设备的爱护,反而因为长期不用,可能会由于受潮等原因加快电子元器件的变质或损坏,并出现机械部件的锈蚀问题。因此使用者要定期通电,这一点对于工业机器人的安全使用也十分重要。

最后,避免在工业机器人的工作场所周围做出危险行为,接触工业机器人或周边机械有可能造成人身伤害。为了确保安全,在工厂内请严格遵守"严禁烟火""高电压""危险""无关人员禁止入内"等标识。不要强制搬动、悬吊、骑坐在工业机器人上,以免造成人身伤害或者设备损坏。绝对不要依靠在工业机器人或者其他控制柜上,不要随意按动开关或者按钮,否则工业机器人会发生意想不到的动作,造成人身伤害或者设备损坏。当工业机器人处于通电状态时,禁止未接受培训的操作人员触摸工业机器人控制柜和示教器,否则工业机器人会发生意想不到的动作,造成人身伤害或者设备损坏。

二、工业机器人安全使用标识及其他安保方式

在工业机器人的实际生产车间,通常会有许多的安全注意标识,与公路上的交通标识类似,这些标识具有非常重要的指示作用,因此作为示教人员,必须掌握每一种标识所指代的含义。本节对于常见的标识进行介绍(表5-1)。

表5-1 常见标识介绍

标识	介绍
	总电源关闭标识!在进行机器人的安装、维修和保养时切记要将总电源关闭。带电作业可能会产生致命性后果。如不慎遭高压电击可能会导致心脏停搏、烧伤或其他严重伤害
	与机器人保持足够安全距离!在调试与运行机器人时,它可能会执行一些意外的或不规范的运动。并且,所有的运动都会产生很大的力量,从而严重伤害个人和/或损坏机器人工作范围内的任何设备。所以时刻警惕与机器人保持足够的安全距离
	静电放电危险!ESD(静电放电)是电势不同的两个物体间的静电传导,它可以通过直接接触传导,也可以通过感应电场传导。搬运部件或部件容器时,未接地的人员可能会传导大量的静电荷。这一放电过程可能会损坏敏感的电子设备。所以有此标识的情况下,要做好静电放电防护
	紧急停止!紧急停止优先于任何其他机器人控制操作,它会断开机器人电机的驱动电源、停止所有运转部件,并切断由机器人系统控制且存在潜在危险的功能部件的电源。当出现比如机器人工作区域有人活动、机器人设备被损伤等情况时触发紧急停止
	灭火!发生火灾时,请确保全体人员安全撤离后再行灭火。应首先处理受伤人员。当电气设备(例如机器人或控制器)起火时使用二氧化碳灭火器。切勿使用水或泡沫灭火

表 5-1（续）

标识	介绍
	示教器的安全！示教器 FlexPendant 是一种高品质的手持式终端，它配备了高灵敏度的一流电子设备。为避免操作不当引起的故障或损坏，请在操作时遵循说明
	机器人工作时，禁止进入机器人工作范围
	转动危险。可导致严重伤害，维护保养前必须断开电源并锁定
	卷入危险，保持双手远离
	移动部件危险，保持双手远离
	注意千万不要将脚放在机器人上或爬到其上面
	机器人电机或控制柜的出风口

另外，还可以通过以下几种方式，进一步掌握工业机器人的安全状态。

1. 机器人常用信息与事件日志功能

实时查看工业机器人的状态，如果机器人已经触发安全防护机制，可以在示教器端看到，如图 5-4 和图 5-5 所示。

图5-4 机器人常用信息与事件日志

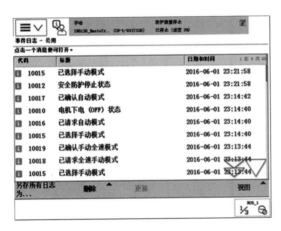

图5-5 工业机器人的状态

2. 机器人随机手册查阅

机器人相关的使用说明文档及手册会随机器人一起交付给用户。手册的内容包括机器人从安装、调试、使用以及维护的方方面面。

安全信息手册包含了各类安全相关的说明,在使用机器人前,应详细浏览相关内容,避免发生危险,如图5-6所示。

例如,当遇到紧急情况,需要人为松动刹车时,可参考"紧急安全信息"相关内容,如图5-7所示。

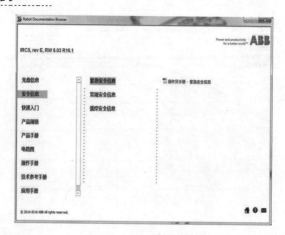

图 5-6　安全信息手册

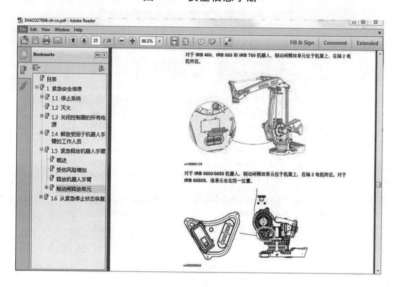

图 5-7　紧急安全信息

3. 硬件安保机制

机器人系统可以配备各种各样的安全保护装置,例如门互锁开关、安全光栅等,例如常用的机器人工作站的门互锁开关,打开此装置则机器人停止运行,避免造成人机碰撞伤害。机器人控制器有四个独立的安全保护机制,分别为常规停止 GS、自动停止 AS、上级停止 SS、紧急停止 ES,见表 5-2。

表 5-2　机器人安全保护机制

安全保护	保护机制
常规停止 General Stop	在任何操作模式下都有效
自动停止 Auto Stop	在自动模式下有效
上级停止 Superior Stop	在任何模式下都有效
紧急停止 Emergency Stop	在急停按钮被按下时有效

在机器人标准控制柜内部即有安全控制面板,实现在硬件层面对工业机器人的安全控制。如图 5-8 所示,图中的 E 即安全控制回路。

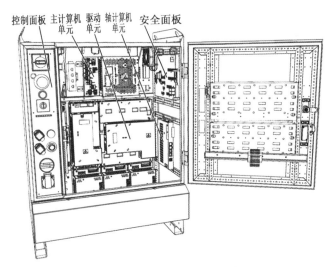

控制面板　主计算机　驱动　轴计算机　安全面板
　　　　　　　　　　单元　单元　单元

图 5-8　机器人标准控制柜

三、工业机器人行业安全标准

正所谓没有规矩不成方圆,工业机器人的生产与使用必须执行对应的工业标准,以保证质量、功能以及安全的要求。因此本小节通过以 ABB 工业机器人为例,介绍若干工业机器人行业安全标准,进而了解工业机器人的相关工业标准。

1. EN ISO 12100

其中文名为机械安全设计通则风险评估与风险减小。此标准可以使设计工程师对机器制造具备全面的了解,考虑机器满足其使用寿命期间的定制功能,继而充分降低风险,目的在于定义出基本危险,从而帮助设计师识别相关重要的危险。

2. EN ISO 13850

其中文名为机械安全紧急停止设计通则。此标准规定了与控制功能所用能量形式无关的急停功能要求和设计原则,适用于除以下两类机器以外的所有机械:急停功能不能减小风险的机器;手持式机器和手操作式机器。

3. EN ISO 10218-1

其中文名为工业环境用机器人安全要求。此标准描述了固有安全设计指南,描述了工业机器人的基本危害,并且提供了一些可以消除或者充分减小此类风险的方法。

4. EN ISO 9787

其中文名为操纵工业机器人、坐标系和运动。此标准定义工业机器人的坐标系,也给出了操纵工业机器人的基本指令,旨在帮助示教人员进行编程、校准和测试。

5. EN IEC 60204-1

其中文名为机械电气设备安全。此标准规定了工业机器人机械本体的安全。在电气系统方面要求应符合此标准的规定,以提高人员的安全与控制反应的持续性。

6. EN 953

其中文名为机械安全性保护装置固定与可移动保护装置的设计。此标准指定要求为设备的设计与施工提供保护,给出固定和可移动的防护装置,进而使操作人员免受机械危害。

四、工业机器人企业与职工安全规范

从利用工业机器人进行生产制造的企业角度看,应加强工业机器人产品质量管理,规范行业市场秩序,维护用户合法权益,保护工业机器人本体生产企业和工业机器人集成应用企业科技投入的积极性,各企业应遵循如下生产管理和规范方针:

(1)应具备与所开展的工业机器人开发、生产、系统集成、专业技术服务等活动相适应的研发、设计、生产、装配、起重、运输等设施设备(其性能和精度应能满足相关要求)。

(2)企业应具备工业机器人本体、集成系统及关键零部件相适宜的过程检测设备和出厂检测设备,所有检测设备都需要有效计量,有中国合格评定国家认可委员会(CNAS)认可的有效校准报告。

(3)企业应按照 GB/T 19001—2016《质量管理体系 要求》标准建立质量管理体系,通过国家认可的第三方认证机构认证,并能有效运行。

(4)产品售后服务要严格执行国家有关规定并建有完善的产品销售和售后服务体系,指导用户合理使用产品,为用户提供相应的操作培训和维修服务。

(5)工业机器人产品保修期不少于 1 年,平均无故障时间不低于 50 000 小时。

(6)工业机器人集成应用企业应至少具有三坐标检测仪(量程及精度高于产品设计要求)等定位和精度检测仪器设备,并且保证校准周期不超过 12 个月。

从职工安全准则和事故预防角度,还有以下方面:

1. 操作者应遵守事项

(1)穿着规定的工作服、安全靴、安全帽等安保用品;

(2)为确保工场内的安全,请遵守"小心火灾""高压""危险""外人勿进"等规定;

(3)认真管理好控制柜,请勿随意按下按钮;

(4)勿用力摇晃机器人及在机器人上悬挂重物;

(5)在机器人周围,勿有危险行为或游戏;

(6)时刻注意安全。

2. 厉行整理整顿的工作及区域

(1)工作区及工作面有积水、油污;

(2)工具、材料的随意散放;

(3)使用过的工具请放在机器人工作区域之外的指定位置;

(4)交班前,请操作人员认真清理机器人及卡具表面,并清扫工作场所。

3. 易燃、易爆品的处理

(1)请勿在机器人的运行区域内存放易燃、易爆品;

(2)焊接火花或电气回路通断时产生的火花易引起燃烧或爆炸;

(3)危险品请放置在其他专门的保管库内。

4. 操作者与公司安全管理人员及设备维护人员的联络

操作者在察知下列危险源后,请及时与管理人员及设备维护人员联系,以便及时采取修理、更换等合理措施。

(1)安全护栏、安保用具或保护装置的损伤;

(2)紧急停止按钮及安全插座、气缸等的不稳定动作;

(3)警示灯或警示标牌破损或运行不良;

(4)地面有水或油等引起地滑时。

五、工业机器人安全使用规范

对于工业机器人的安全使用规范,本节从八个方面进行阐述,分别是:投入运行的安全操作规范、示教器的安全操作规范、处于工作态的工业机器人安全规范、工业机器人安全检验、编程操作安全规范、维修安全操作规范、用电安全规范、装调过程安全规范。

1.投入运行的安全操作规范

功能检查期间,不允许有人员或物品留在机器人危险范围内。功能检查时必须确保机器人系统已置放并连接好,机器人系统上没有异物或损坏、脱落、松散的部件,所有安全防护装置均完整且有效,所有电气接线均正确无误,外围设备连接正确,外部环境符合操作指南中规定的允许值,必须确保机器人控制系统型号铭牌上的数据与制造商声明中登记的数据一致。

2.示教器的安全操作规范

小心操作,不要摔打、抛掷或重击 FlexPendant,这样会导致破损或故障。在不使用该设备时,将它挂到专门存储它的支架上,以免发生意外掉到地上。

FlexPendant 的使用和存储应避免被人踩踏电缆。

切勿使用锋利的物体(例如螺丝刀或笔尖)操作触摸屏,这样可能会使触摸屏受损。使用您的手指或触摸笔(位于带有 USB 端口的 FlexPendant 的背面)去操作示教器触摸屏。

定期清洁触摸屏。灰尘和小颗粒可能会挡住屏幕造成故障。

切勿使用溶剂、洗涤剂或擦洗海绵清洁 FlexPendant。使用软布醮少量水或中性清洁剂清洁。

没有连接 USB 设备时务必盖上 USB 端口的保护盖。如果端口暴露在灰尘中,那么它会中断或发生故障。

3.处于工作态的工业机器人安全规范

如果在保护空间内有工作人员,请手动操作机器人系统。

当进入保护空间时,请准备好 FlexPendant,以便随时控制机器人。

注意旋转或运动的工具,例如切削工具。确保在接近机器人之前,这些工具已经停止运动。

注意工件和机器人系统的高温表面。机器人电机长期运转后温度很高。

注意夹具并确保夹好工件。如果夹具打开,工件会脱落并导致人员伤害或设备损坏。夹具非常有力,如果不按照正确方法操作,也会导致人员伤害。

注意液压、气压系统以及带电部件。即使断电,这些电路上的残余电量也很危险。

另外,只有在实施以下安全措施的前提下,才允许使用自动运行模式:

(1)预期的安全防护装置都在位,并且能起作用。

（2）程序经过验证，相关性能满足自动运行要求。

（3）在安全防护空间内没有人，如机器人或附件轴停机原因不明，则在已启动紧急停止功能后方可进入危险区。

4. 工业机器人安全检验

（1）通电前检查。

①机器人已按说明书正确安装，且稳定性好。

②电气连接正确，电源参数（如电压、频率、干扰级别等）在规定的范围内。

③其他设施（如水、空气、燃气等）连接正确，且在规定的界限内。

④通信连接正确。

⑤外围设备和系统连接正确。

⑥已安装好限定空间的限位装置。

⑦已采用安全防护措施。

⑧周边的环境符合规定（如照明、噪声等级、湿度、温度、大气污染等）。

（2）通电后检查。

①机器人系统控制装置的功能如启动、停机、操作方式选择（包括键控锁定开关）符合预定要求，机器人能按预定的操作系统命令进行运动。

②机器人各轴都能在预期的限定范围内进行运动。

③急停及安全停机电路及装置有效。

④可与外部电源断开和隔离。

⑤示教装置的功能正常。

⑥安全防护装置和联锁的功能正常，其他安全防护装置（如栅栏、警示装置）就位。

⑦在"慢速"时，机器人能正常运行，并具有作业能力。

⑧在自动（正常）操作方式下，机器人运行正常，且具有在额定负载和要求的速度下完成预定作业的能力。

5. 编程操作安全规范

工业机器人编程操作安全规范应从示教编程前、示教编程中与自动运行模式三个方面进行。

示教编程前：

（1）用户必须确保示教人员按照培训要求进行培训，并在实际的机器人系统中的机器人上进行训练和熟悉包括所有安全防护措施在内的所推荐的编程步骤。

（2）示教人员应目检机器人系统和安全防护空间，确保不存在产生危险的外界条件。示教盒的运动控制和急停控制应进行功能测试，以保证正常操作。示教操作开始前，应排除故障和失效。编程时，应关断机器人驱动器不需要的动力（必需的平衡装置应保持有效）。

（3）示教人员进入安全防护空间前，所有的安全防护装置应确保在位，且在预期的示教方式下能起作用。进入安全防护空间前，应要求示教人员进行编程操作，但应不能进行自动操作。

示教编程中：

（1）示教期间仅允许示教编程人员在防护空间内。

（2）示教人员应具有和使用有单独控制机器人运动功能的示教盒。

（3）示教期间,机器人运动只能受示教装置控制。机器人不应响应来自其他地方的遥控命令。

（4）示教人员应具有单独控制在安全防护空间内的其他设备运动控制权,且这些设备的控制应与机器人的控制分开。

（5）若在安全防护空间内有多台机器人,而栅栏的连锁门开着或现场传感装置失去作用时,所有的机器人都应禁止进行自动操作。

（6）机器人系统中所有急停装置都应保持有效。

（7）示教时,机器人的运动速度应低于 250 mm/s,具体的速度选择应考虑万一发生危险,示教人员有足够的时间脱离危险或停止机器人的运动。

自动运行模式:

在启动机器人系统进行自动操作前,示教人员应将暂停使用的安全防护装置功效恢复。仅在满足下列要求时,才能启动机器人进行自动操作。

（1）预期的安全防护装置都在位,并且能起作用。

（2）在安全防护空间内没有人。

（3）遵守安全操作规程。

6. 维修安全操作规范

维修人员必须保管好机器人钥匙,严禁非授权人员在手动模式下进入机器人软件新系统,随意翻阅或修改程序及参数,若发现某些故障或误动作,则维修人员在进入安全防护空间之前应进行排除或修复。若必须进入安全防护空间内维修,则机器人控制必须脱离自动操作状态;机器人不能响应任何远程控制信号;所有机器人系统的急停装置应保持有效。

7. 用电安全规范

在使用电源时,请确认安全情况:

（1）安全护栏内不得有人员逗留;

（2）遮光帘、防护罩、卡具是否在正确的位置;

（3）要一个一个地打开电源,随时确认机器人的状态;

（4）确认警示灯的状态;

（5）确认紧急停止按钮的位置和功能;

（6）系统必须电气接地;

（7）在设备断电 5 min 内,不得接触机器人控制器或插拔机器人连接线;

（8）每次设备上电前要对设备及线缆进行检查,发现线缆有破损或老化现象要及时更换,不得带伤运行。

8. 装调过程安全规范

（1）设备安装。

为了保证设备安装连接时的安全,请安装前一定阅读、理解《机器人操作手册》,并严格遵循:线缆的连接要符合设备要求,设备的安全固定一定要牢靠,严禁强制性扳动机器人运动轴及依靠机器人或控制柜,禁止随意按动操作键,如图5-9所示。

图 5-9　安全规范

（2）设备调试。

机器人调试前一定要进行严格仔细的检查，机器人行程范围内无人员及碰撞物，确保作业内安全，避免粗心大意造成安全事故。

总之，在使用工业机器人之前，应该对工业机器人安全操作规范、工业机器人系统中存在的安全风险等内容进行充分的了解，并对工业机器人安全标识、姿态及安全区域进行识读，正确穿戴工业机器人安全作业服和安全防护装备，从而使作业人员能够更好地利用工业机器人进行工业加工生产。

本 章 小 结

工业机器人潜在的危险源可能来自设备方面、设备的构建和安装以及相互关系方面。日常使用中应对这些潜在的危险源着重关注，包括设施失效或产生故障引起的危险、机械部件运动引起的危险、储能和动力源引起的危险、危险气体、材料或条件引起的危险、由噪声等干扰引起的危险、人为差错引起的危险，以及机器人系统或辅助部件的移动、搬运或更换而产生的潜在危险。

安全装置是保护人身安全和机器人安全的外部条件，安全装置的设立必须符合国家相关安全标准。安全装置包括急停设备（示教盒急停按钮、控制柜急停按钮）、安全装置（安全栅栏、安全门、安全插销、插槽）等。

在工业机器人投入使用前，应对其进行运行检验，包括通电前检查和通电后检查。编程操作的安全规范分为编程前、编程中和自动操作时，并且应该遵循工业机器人操作使用的安全规范。

【习题作业】

1. 请对工业机器人常见的危险源进行阐述，并指出杜绝以上危险源应该做出哪些对应措施。

2. 请对以下图中涉及的图标进行说明。

3. 请说明示教器操作方面的安全规范。

4. 如果某工业机器人正处于工作态,请说明此时操作人员都应该遵守哪些安全规范。

5. 请说明工业机器人用电需要注意哪些方面。

6. 请介绍工业机器人的常见安全设备。

项目六　工业机器人维护保养

随着机器人技术的发展，工业机器人被广泛用于汽车、食品、包装等行业中，不仅提升了产品的品质和生产效率，而且还降低了生产成本。工业机器人的管理与维护保养是企业的一项重要工作，对相关人员的专业素养也提出了很高的要求，不仅需要具有基本理论知识和管理能力，而且还需要胜任安装、编程、调试与维护保养工作。

机器人管理与维护保养的目的是减少机器人的故障率和停机时间，充分利用机器人这一生产要素，最大限度地提高生产效率。机器人的管理与维护保养在企业生产中尤为重要，直接影响到系统的寿命，必须精心维护。管理部门门要充分认识到机器人维护管理工作的重要性，从制度上建立、健全机器人管理与维护保养体系，包括制度的制定、实施、考核等多个方面。而工业机器人管理与维护人员，必须经过专业培训，具备安全操作知识，并且严格按照维护计划来执行。

工业机器人的维护与保养，主要包括一般性保养和例行维护。例行维护分为控制柜维护和机器人本体系统的维护。一般性保养是指机器人操作者在开机前，对设备进行点检确认设备的完好性以及机器人的原点位置；在工作过程中注意机器人的运行情况，包括油标、油位、仪表压力、指示信号等；之后清理整理现场，清扫设备。

因此，本章节围绕工业机器人的维护与保养，从工业机器人机械结构的维护保养、工业机器人电气系统的维护保养、工业机器人零部件的更换三个方面进行讲解，目的在于通过本章节的学习，能够培养出工业机器人管理维护专业性人才，提升相关人员的专业知识，培养深厚的理论基础和实际操作能力，促进工业机器人应用和维护的可持续发展。

【学习目标】

1. 熟知各个机械臂中油脂的补充；
2. 熟知各个机械臂中油脂的更换；
3. 了解工业机器人常用部件的使用和维护保养；
4. 掌握工业机器人维修和保养的相关知识；
5. 了解工业机器人各部件的更换步骤；
6. 掌握工业机器人零点校准。

【知识储备】

任务一 工业机器人机械结构的维护保养

工业机器人包括机械部分、机器人控制系统、手持式编程器、连接电缆、软件及附件等组件。机器人一般采用6轴式节臂运动系统设计,机器人的结构部件一般采用铸铁结构。

机器人的机械结构系统由手部、腕部、臂部、机身和行走机构组成。机器人必须有一个便于安装的基础件机座。机座往往与机身做成一体,机身与臂部相连,机身支承臂部,臂部又支承腕部和手部,如图6-1所示。

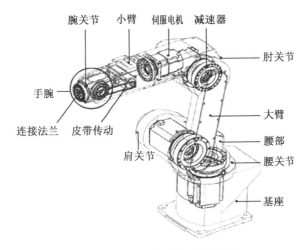

图6-1 机器人本体的内部结构

一、机器人机械结构

1.机器人的手部机构

机器人的手部又称为末端执行器,它是装在机器人腕部上,直接抓握工件或执行作业的部件。机器人的手部是最重要的执行机构,从功能和形态上看,它可分为工业机器人的手部和仿人机器人的手部。

(1)机器人的手部机构

①手部与腕部相连处可拆卸:手部与腕部有机械接口,也可能有电、气、液接口。工业机器人作业对象不同时,可以方便地拆卸和更换手部。

②手部是机器人末端执行器:它可以像人手那样具有手指,也可以不具备手指;可以是类人的手爪,也可以是进行专业作业的工具,比如装在机器人腕部上的喷漆枪、焊接工具等。

③手部的通用性比较差:机器人手部通常是专用的装置,例如,一种手爪往往只能抓握

一种或几种在形状、尺寸、质量等方面相近似的工件;一种工具只能执行一种作业任务。

（2）机器人手爪的分类

①按手部的用途分类。

手部按其用途划分,可以分为手爪和工具两类。

a.手爪。手爪具有一定的通用性,它的主要功能是:抓住工件,握持工件,释放工件。

b.工具。工具是进行某种作业的专用工具,如喷枪、焊具等。如图6-2所示。

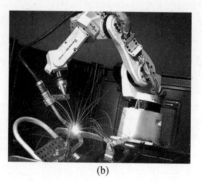

(a)　　　　　　　　(b)

图6-2　专用工具

②按手部的抓握原理分类。

手部按其抓握原理可分为夹持类手部和吸附类手部两类。

a.夹钳式取料手。夹钳式取料手由手指/手爪和驱动机构、传动机构及连接与支承元件组成,如图6-3至图6-5所示。通过手指的开、合动作实现对物体的夹持。

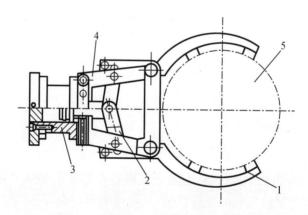

1—手指;2—传动机构;3—驱动机构;4—支架;5—工件。

图6-3　夹钳式取料手

b.吸附式取料手。吸附类手部靠吸附力取料。吸附类手部适用于大平面、易碎、微小的物体,因此适用面也较大。吸附式取料手靠吸附力的不同分为气吸附(图6-6)和磁吸附两种。吸附式取料手适用于大平面、易碎、微小的物体,因此使用面较广。

③按手部的智能化分类。

按手部的智能化划分,可以分为普通式手爪和智能化手爪两类。普通式手爪不具备传感器。智能化手爪具备一种或多种传感器,如力传感器、触觉传感器等,手爪与传感器集成成为智能化手爪。

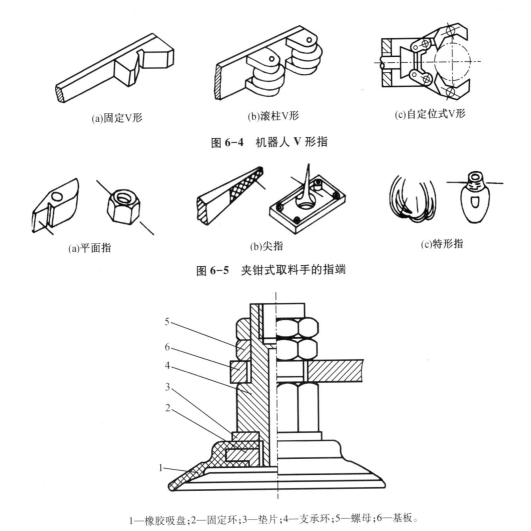

(a)固定V形　　　　(b)滚柱V形　　　　(c)自定位式V形

图 6-4　机器人 V 形指

(a)平面指　　　　(b)尖指　　　　(c)特形指

图 6-5　夹钳式取料手的指端

1—橡胶吸盘;2—固定环;3—垫片;4—支承环;5—螺母;6—基板。

图 6-6　真空气吸附取料手

④仿人手机器人手部。

为了提高机器人手部和腕部的操作能力、灵活性和快速反应能力,使机器人能像人手一样进行各种复杂的作业,如装配作业、维修作业、设备操作等,就必须有一个运动灵活、动作多样的灵巧手,即仿人手机器人手部。图 6-7 和图 6-8 为多关节柔性手腕和柔性手。

⑤专用末端操作器及换接器。

a. 专用末端操作器。机器人是一种通用性较强的自动化设备,可根据作业要求完成各种动作,再配上各种专用的末端操作器后,就能完成各种操作,如图 6-9 所示。

b. 换接器或自动手爪更换装置。换接器由两部分组成:换接器插座和换接器插头,分别装在机器腕部和末端操作器上,能够实现机器人对末端操作器的快速自动更换。

c. 焊枪(图 6-10)。熔化极气体保护焊的焊枪可用来进行手工操作和自动焊。这些焊枪包括适用于大电流、高生产率的重型焊枪和适用于小电流、全位置焊的轻型焊枪。

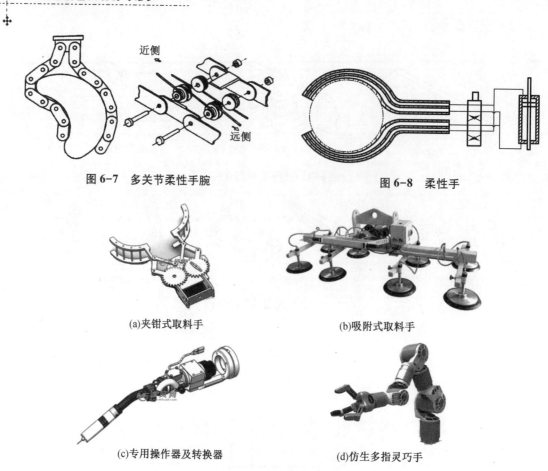

图6-7　多关节柔性手腕　　　　　　　图6-8　柔性手

(a)夹钳式取料手　　　　　　　　　(b)吸附式取料手

(c)专用操作器及转换器　　　　　　(d)仿生多指灵巧手

图6-9　机器人末端执行器

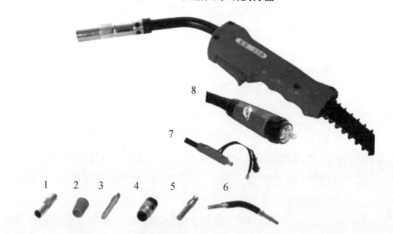

1—喷嘴;2—分流器;3—导电嘴;4—绝缘螺母;5—连杆;6—弯管;7—松下接头;8—欧式接头。

图6-10　焊枪示意图

（3）手爪设计和选用的要求

①被抓握的对象物。

手爪设计和选用首先要考虑的是什么样的工件要被抓握。因此,必须充分了解工件的几何形状、机械特性。

②手爪和机器人匹配。

手爪一般用法兰式机械接口与手腕相连接,手抓自重也增加了机械臂的载荷,这两个问题必须仔细考虑。

③环境条件。

在作业区域内的环境状况很重要,比如高温、水、油等环境会影响手爪工作。一个锻压机械手要从高温炉内取出红热的锻件必须保证手爪的开合,驱动在高温环境中均能正常工作。

机器人末端工具相似例如图6-11所示。

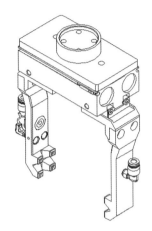

图6-11　机器人末端工具相似例

2. 机器人的腕部机构

(1)机器人腕部的移动方式

①腕部的活动。

机器人一般具有6个自由度才能使手部达到目标位置和处于期望的姿态。为了使手部能处于空间任意方向,要求腕部能实现对空间3个坐标轴 x、y、z 的旋转运动——腕部旋转、腕部弯曲、腕部侧摆,或称为3个自由度。

②腕部的转动。

按腕部转动特点的不同,用于腕部关节的转动又可细分为滚转和弯转两种。

滚转是指组成关节的两个零件自身的几何回转中心和相对运动的回转轴线重合,因而能实现360°无障碍旋转的关节运动,通常用 R 来标记,如图6-12所示。

(2)手腕的分类

手腕按自由度数目来分类,可分为单自由度手腕、二自由度手腕和三自由度手腕。

①单自由度手腕。

如图6-13(a)所示是一种翻转关节,它把手臂纵轴线和手腕关节轴线构成共轴线形式,这种 R 关节旋转角度大,可达到360°以上。图6-13(b)(c)是一种折曲关节,关节轴线与前后两个连接件的轴线相垂直。这种 B 关节因为受到结构上的干涉,旋转角度小,大大限制了方向角。

②二自由度手腕。

二自由度手腕可以由一个 R 关节和一个 B 关节组成 BR 手腕,也可以由两个 B 关节组

❖ 成 BB 手腕。但是不能由两个 R 关节组成 RR 手腕,因为两个 R 关节共轴线,所以退化了一个自由度,实际只构成了单自由度手腕。

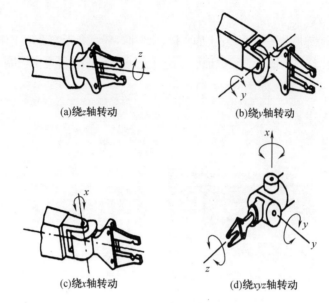

(a)绕z轴转动   (b)绕y轴转动

(c)绕x轴转动   (d)绕xyz轴转动

图 6-12   手腕的自由度

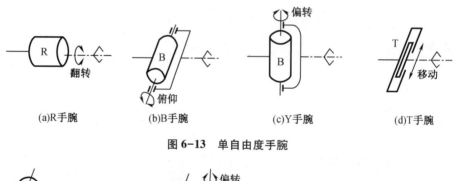

(a)R手腕   (b)B手腕   (c)Y手腕   (d)T手腕

图 6-13   单自由度手腕

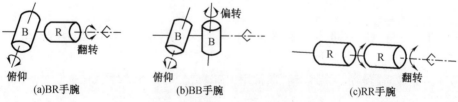

(a)BR手腕   (b)BB手腕   (c)RR手腕

图 6-14   二自由度手腕

③三自由度手腕

三自由度手腕可以由一个 B 关节和 R 关节组成多种形式。图 6-15(a)所示的是通常见到的 BBR 手腕,使手部具有俯仰、偏转和翻转运动,即 RPY 运动。

(3)手腕的典型结构

手腕除应满足启动和传送过程中所需的输出力矩外,还要求结构简单,紧凑轻巧,避免干涉,传动灵活,多数情况下,要求将腕部结构的驱动部分安装在小臂上,使外形整齐,也可以设法使几个电动机的运动传递到同轴旋转的心轴和多层套筒上去,运动传入手腕部后再分别实现各个动作。图6-15为几种常见的机器人手腕结构。

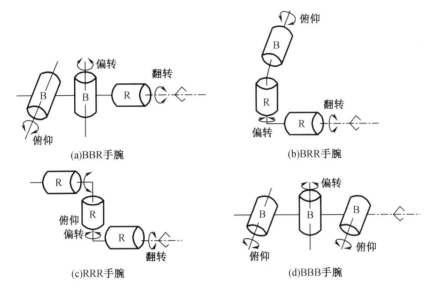

图 6-15　自由度手腕

3. 机器人的臂部机构

（1）手臂特性

刚度要求高；导向性要好；质量要轻；运动要平稳；定位精度要高。

（2）机器人臂部的运动与组成

①手臂的运动。

a. 垂直移动；

b. 径向移动；

c. 回转运动。

②手臂的组成。

机器人的手臂主要包括臂杆以及与其伸缩、屈伸或自转等运动有关的构件，如传动机构、驱动装置、导向定位装置、支承连接和位置检测元件等。此外还有与腕部或手臂的运动和连接支承等有关的构件、配管配线等。

（3）机器人臂部的配置

机身和臂部的配置形式基本上反映了机器人的总体布局。由于机器人的运动要求、工作对象、作业环境和场地等因素的不同，出现了各种不同的配置形式。目前常用的有横梁式、立柱式、机座式、屈伸式四种。

（4）机器人手臂机构

①臂部伸缩机构；

②臂部俯仰机构。

（5）机器人手臂的分类

手臂是机器人执行机构中重要的部件，它的作用是支承腕部和手部，并将被抓取的工件运送到给定的位置上。机器人的臂部主要包括臂杆以及与其运动有关的构件，包括传动机构、驱动装置、导向定位装置、支承连接和位置检测元件等。

机器人手臂机械结构形式如图6-16所示。

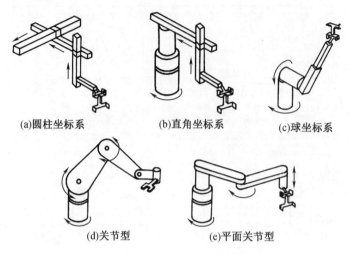

(a)圆柱坐标系　　　　(b)直角坐标系　　　(c)球坐标系

(d)关节型　　　　　　(e)平面关节型

图6-16　机器人手臂机械结构形式

4. 机器人的行走机构

机器人行走机构的特点：

行走机构按其行走移动可分为固定轨迹式和无固定轨迹式。固定轨迹式行走机构主要用于工业机器人。无固定轨迹式行走机构按其特点可分为步行式、轮式和履带式行走机构。在行走过程中，前两种行走机构与地面连续接触，其形态为运行车式，应用较多，一般用于野外、较大型作业场合，也比较成熟；后一种与地面为间断接触，为动物的腿脚式，该类机构正在发展和完善中。

二、工业机器人机械结构的维护保养

机器人机械结构的日常维护保养主要是对各个机械臂进行油脂的补充和更换，学生应熟悉各轴油脂的补充和更换步骤并能进行熟练操作。本任务的逻辑结构如图6-17所示。

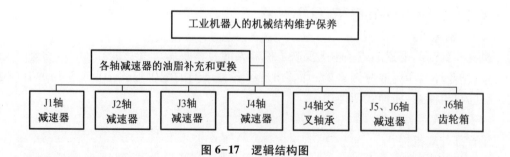

图6-17　逻辑结构图

1. **任务准备**

工业机器人油脂补充和更换时请注意以下事项，否则电机、减速器机会出现故障。

（1）如果不取堵塞，注油时油脂会侵入电机，引起故障。请务必取下堵塞。

（2）不要在排出口安装接口、软管等。否则会引起油封脱落的故障。

（3）注油时请使用油脂专用泵。油脂泵的空气供给压力设在 0.3 MPa 以下,注入速度设在 8 g/s 以下。

（4）为了不使减速器内进入空气,首先在注入侧的软管里填充油脂。

工业机器人机械结构维护保养的工具和耗材见表6-1。

表 6-1　工业机器人机械结构维护保养的工具和耗材

序号	工具名称	规格型号	是否齐全
1	十字、一字旋具	1 套	
2	内六角扳手	1 套	
3	呆扳手	1 套	
4	扭力扳手	1 套	
5	油泵		
6	油枪		
序号	耗材名称	规格型号	是否齐全
1	工业擦拭纸	310×345	
2	生胶带		
3	抹布		
4	润滑脂	RE N0.00	
5	螺纹紧固剂	乐泰241	

2. 机器人 J1 轴减速器油脂补充和更换

J1 轴减速器注油口位置如图 6-18 所示,出油口位置如图 6-19 所示。

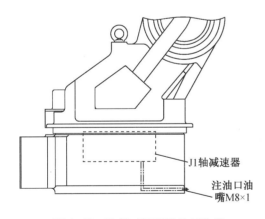

图 6-18　J1 轴减速器注油口位置

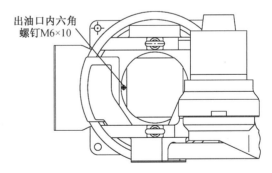

图 6-19　J1 轴减速器出油口位置

油脂补充和更换时应注意以下事项,错误的操作会引起电机和减速器的故障。

（1）油脂补充步骤

①取下排油口的堵塞。

②油枪从注油口注油。

③装排油口堵塞前,运动 J1 轴几分钟,使多余的油脂从排油口排出。

④用布擦净从排油口排出的多余的油脂,在排油口安装堵塞。堵塞的螺纹处要缠生胶带并用扳手拧紧。

表6-2为J1轴减速器油脂补充规范。

表6-2　J1轴减速器油脂补充规范

油脂种类	00号锂基极压润滑脂
注入量	65 mL(第一次需要注入:130 mL)
油泵压力	0.3 MPa 以下
注油速度	8 g/s 以下

(2)油脂更换步骤

①取下排油口的堵塞。

②用油枪从注油口注油。

③从排油口完全排出旧油,开始排出新油时,说明油脂更换结束(旧油与新油可通过颜色判别)。

④安装排油口堵塞前,运动J1轴几分钟,使多余的油脂从排油口排出。

⑤用布擦净从排油口排出的多余的油脂,在排油口安装堵塞。堵塞的螺纹处要缠生胶带并用扳手拧紧。

表6-3为J1轴减速器油脂更换规范。

表6-3　J1轴减速器油脂更换规范

油脂种类	00号锂基极压润滑脂
注入量	410 mL
油泵压力	0.3 MPa 以下
注油速度	8 g/s 以下

3. 机器人J2轴减速器油脂补充和更换

J2轴减速器注油口位置如图6-20所示,出油口位置如图6-21所示。

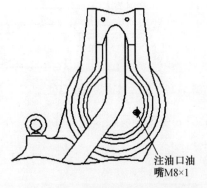

图6-20　J2轴减速器注油口位置

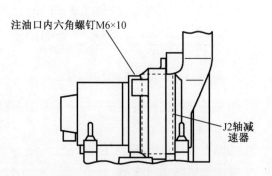

图6-21　J2轴减速器出油口位置

（1）油脂补充步骤

①使 J2 臂处于垂直于地面的位置。

②取下排油口的堵塞，用油枪从注油口注油。

③安装排油口堵塞前，运动 J2 轴几分钟，使多余的油脂从排油口排出。

④用布擦净从排油口排出的多余的油脂，在排油口安装堵塞。堵塞的螺纹处要缠生胶带并用扳手拧紧。

表 6-4 为 J2 轴减速器油脂补充规范。

表 6-4 J2 轴减速器油脂补充规范

油脂种类	00 号锂基极压润滑脂
注入量	55 mL（第一次需要注入：110 mL）
油泵压力	0.3 MPa 以下
注油速度	8 g/s 以下

（2）油脂更换步骤

①使 J2 臂处于垂直于地面的位置。

②取下排油口的堵塞。

③用油枪从注油口注油。

④从排油口完全排出旧油，开始排出新油时，说明油脂更换结束（旧油与新油可通过颜色判别）。

⑤安装排油口堵塞前，运动 J2 轴几分钟，使多余的油脂从排油口排出。

⑥用布擦净从排油口排出的多余的油脂，在排油口安装堵塞。堵塞的螺纹处要缠生胶带并用扳手拧紧。

表 6-5 为 J2 轴减速器油脂更换规范。

表 6-5 J2 轴减速器油脂更换规范

油脂种类	00 号锂基极压润滑脂
注入量	360 mL
油泵压力	0.3 MPa 以下
注油速度	8 g/s 以下

4. 机器人 J3 轴减速器油脂补充和更换

J3 轴减速器注油口位置如图 6-22 所示，出油口位置如图 6-23 所示。

（1）油脂补充步骤

①使机器人小臂处于与地面水平的位置。

②取下排油口的堵塞，用油枪从注油口注油。

③安装排油口堵塞前，运动 J3 轴几分钟，使多余的油脂从排油口排出。

④用布擦净从排油口排出的多余的油脂，在排油口安装堵塞。堵塞的螺纹处要缠生胶

❖ 带并用扳手拧紧。

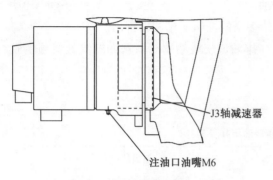

图 6-22   J3 轴减速器注油口位置

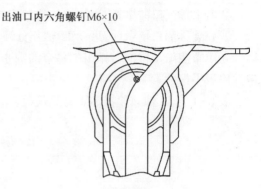

图 6-23   J3 轴减速器出油口位置

表 6-6 为 J3 轴减速器油脂补充规范。

表 6-6   J3 轴减速器油脂补充规范

油脂种类	00 号锂基极压润滑脂
注入量	30 mL(第一次需要注入:60 mL)
油泵压力	0.3 MPa 以下
注油速度	8 g/s 以下

(2)油脂更换步骤

①使机器人小臂处于与地面水平的位置。

②取下排油口的堵塞。

③用油枪从注油口注油。

④从排油口完全排出旧油,开始排出新油时,说明油脂更换结束(旧油与新油可通过颜色判别)

⑤安装排油口堵塞前,运动 J3 轴几分钟,使多余的油脂从排油口排出。

⑥用布擦净从排油口排出的多余的油脂,在排油口安装堵塞。堵塞的螺纹处要缠生胶带并用扳手拧紧。

表 6-7 为 J3 轴减速器油脂更换规范。

表 6-7   J3 轴减速器油脂更换规范范

油脂种类	00 号锂基极压润滑脂
注入量	200 mL
油泵压力	0.3 MPa 以下
注油速度	8 g/s 以下

5. 机器人 J4 轴减速器油脂补充

J4 轴减速器注油口位置如图 6-24 所示。

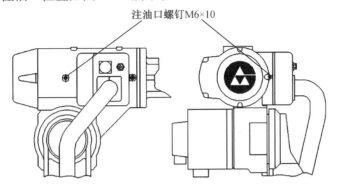

图 6-24　J4 轴减速器注油口位置

油脂补充步骤：

①取下注油口的螺丝堵。

②在注油口安装 M6 油嘴。

③用油枪从注油口注入。

④取下油嘴，安装螺丝堵，螺丝堵的螺纹处要缠生胶带并用扳手拧紧。

表 6-8 为 J4 轴减速器油脂补充规范。

表 6-8　J4 轴减速器油脂补充规范

油脂种类	00 号锂基极压润滑脂
注入量	10 mL（第一次需要注入：20 mL）
油泵压力	0.3 MPa 以下
注油速度	8 g/s 以下

6. 机器人 J4 轴轴承油脂补充

J4 轴轴承注油口位置如图 6-25 所示。

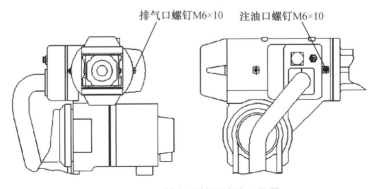

图 6-25　J4 轴交叉轴承注油口位置

油脂补充步骤：

①取下排气口的螺丝堵。

②取下注油口的螺丝堵,在注油口安装 M6 油嘴。

③用油枪从注油口注入。

④取下油嘴,安装螺丝堵,螺丝堵的螺纹处要缠生胶带并用扳手拧紧。

⑤将排气口的螺丝堵安装在空气排气口处,螺丝堵的螺纹处要缠生胶带并用扳手拧紧。

表 6-9 为 J4 轴轴承油脂补充规范。

表 6-9　J4 轴轴承油脂补充规范

油脂种类	00 号锂基极压润滑脂
注入量	3 mL(第一次需要注入:6 mL)
油泵压力	0.3 MPa 以下
注油速度	8 g/s 以下

7. 机器人 J5、J6 轴减速器油脂补充

J5、J6 轴减速器注油口位置如图 6-26 所示。

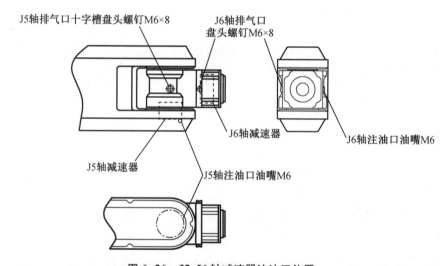

图 6-26　J5、J6 轴减速器注油口位置

油脂补充步骤：

①取下 J5、J6 排气口的螺丝堵。

②取下注油口的螺丝堵,在注油口安装 M6 油嘴。

③用油枪分别从 J5、J6 注油口注入。

④取下油嘴,安装螺丝堵,螺丝堵的螺纹处要缠生胶带并用扳手拧紧。

⑤将 J5、J6 轴排气口的螺丝堵分别安装在 J5、J6 轴的空气排气口处,螺丝堵的螺纹处要缠生胶带并用扳手拧紧。

表 6-10 为 J5、J6 轴减速器油脂补充规范。

表 6-10 J5、J6 轴减速器油脂补充规范

油脂种类	00 号锂基极压润滑脂
注入量(J5 轴)	10 mL(第一次需要注入:20 mL)
注入量(J6 轴)	8 mL(第一次需要注入:16 mL)
油泵压力	0.3 MPa 以下
注油速度	8 g/s 以下

由于 J5、J6 轴电机及编码器安装在手腕轴前端,为确保在搬运作业时的安全,小臂两边侧盖的结合面已用密封胶密封,开盖后再安装时,请务必重新涂密封胶密封,小臂侧盖密封部位如图 6-27 所示。

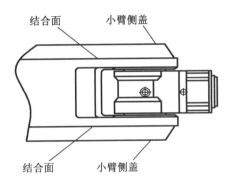

图 6-27 小臂侧盖密封部位

8. 机器人 J6 轴齿轮箱油脂补充

J6 轴齿轮箱注油口位置如图 6-28 所示。

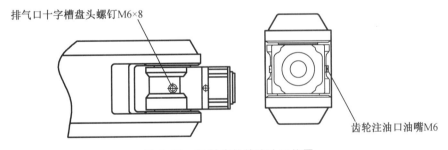

图 6-28 J6 轴齿轮箱注油口位置

油脂补充步骤:

①取下排气口的螺丝堵。

②用油枪从齿轮箱注油口注入。

③将排气口的螺丝堵安装在空气排气口处,螺丝堵的螺纹处要缠生胶带并用扳手拧紧。

表 6-11 为 J6 轴齿轮箱油脂补充规范。

表 6-11　J6 轴齿轮箱油脂补充规范

油脂种类	00 号锂基极压润滑脂
注入量	8 mL(第一次需要注入：16 mL)
油泵压力	0.3 MPa 以下
注油速度	8 g/s 以下

任务二　工业机器人电气系统的维护保养

一、任务准备

1. 机器人控制柜检修注意事项

（1）检修、更换零件时，应遵守以下注意事项，安全作业

①更换零件时，请切断一次电源，5 min 后再进行作业。此外，请勿用潮湿的手进行作业。

②更换作业必须由接受过本公司机器人学校维修保养培训的人员进行。

③作业人员的身体和控制装置的"GND 端子"必须保持电气短路，应在同位下进行作业。

④更换时，切勿损坏连接线缆。此外，请勿触摸印刷基板的电子零件及线路、连接器的触点部分。

（2）定期检修时的注意事项

①检修作业必须由专业技术人员进行。

②进行检修作业之前，请对作业所需的零件、工具和图纸进行确认。

③更换零件请使用指定零件。

④进行机器人本体的检修时，请务必先切断电源在进行作业。

⑤打开控制装置的门时，请务必先切断一次电源，并充分注意不要让周围的灰尘入内。

⑥手触摸控制装置内的零件时，须将油污等擦干净后再进行。尤其是要触摸印刷基板和连接器等部位时，应充分注意避免静电放电等损坏 IC 零件。

⑦一边操作机器人本体一边进行检修时，禁止进入动作范围之内。

⑧电压测量应在指定部位进行，并充分注意防止触电和接线短路。

⑨禁止同时进行机器人本体和控制装置的检修。

⑩检修后，必须充分确认机器人动作后，再进入正常运转。

工业机器人电气系统维护保养的工具和耗材见表 6-12。

表 6-12　工业机器人电气系统维护保养的工具和耗材

序号	工具名称	规格型号	是否齐全
1	十字、一字旋具	1 套	
2	内六角扳手	1 套	
3	呆扳手	1 套	
4	扭力扳手	1 套	
5	万能电用表		
6	剥线钳		
7	斜口钳		
序号	耗材名称	规格型号	是否齐全
1	工业擦拭纸	310×345	
2	螺纹紧固剂	乐泰 241	
3	抹布		

二、控制柜身的维护保养

1. 机器人控制柜的定期检修

为防止触电、受伤的危险,部分设备在通电时请不要触摸,如风扇、电源电压等。

控制柜的维护保养项目见表 6-13。

表 6-13　控制柜的维护保养项目

维护设备	维护项目	维护间隔时间	是否正常
控制柜	检测控制柜的门是否关好	每天	
	检查密封构件部分有无疑隙和损坏	每月	
	检测柜子里面无杂物、灰尘、污渍等	每月	
	检测接头是否松动,电缆是否松动或者破损的现象	每月	
柜内风扇以及背面轴流风扇	确认风扇是否转动	每 3 个月	
供电电源电压	万用表测量电压是否正常	每天	
输入电源电压	万用表测量电压是否正常	每天	
断路器	万用表测量电压是否正常	每天	
控制柜急停按钮	动作确认	每天	
示教器急停按钮	动作确认	每天	

2. 检查控制柜门是否关好

(1)控制柜的设计是全封闭的构造,确保外部的油、烟、气体无法进入。

(2)要确保控制柜门在任何情况下都处于完好关闭状态,即使在控制柜不工作时。

(3)开关控制柜门时,必须用钥匙打开。

（4）开关门时先把锁孔保护块向上推开，露出锁孔后用钥匙把锁打开，然后扳起黑色手柄，逆时针方向旋转大约 90°，轻拉则打开控制柜门。

3. 检查密封构件部分有无缝隙和损坏

（1）打开门时，检查门的边缘部的密封垫有无破损。

（2）检查控制柜内部是否有异常污垢。如有，待查明原因后，尽快清扫。

（3）在控制柜门关好的状态下，检查有无缝隙。

4. 风扇的维护保养

风扇是控制柜内部的散热器件，其主要由柜内风扇和背面轴流风扇组成，在接通电源时风扇即转动。当风扇转动不正常时，控制柜内部温度会升高，控制柜可能就会出现异常故障，所以应检查风扇是否正常转动，使用手掌在排风口和吸风口感觉风扇风量，如风量异常须及时更换。

5. 供电电源电压的确认

使用万用表检查断路器上的 1，3，5 端子部位，确认供电电源电压是否正常。具体测量参考数值见表 6-14。

表 6-14　供电电源电压检查项目

检测项目	端子	正常数值
相间电压	1-3、3-5、5-1	（0.85~1.1）×标称电压（380~400 V）
与保护地线之间电压（E 相接地）	1-E、3-E、5-E	（0.85~1.1）×标称电压（220~250 V）

6. 急停按钮的维护保养

控制柜前门及示教盒上均有急停按钮，如图 6-29 所示。上电前必须确认两个急停按钮是否能正常工作。

图 6-29　示教器急停按钮

7. 长假前的检修

准备长期休假，切断机器人电源前，请进行如下检修：

（1）确认驱动器是否显示提示信息：编码器电池电压太低，如果显示该信息，请更换电池。如果没有及时更换,导致编码器数据丢失,则需要进行编码器复位及编码器修正作业。

(2)请确认控制装置的门及锁定插槽已经关闭。

三、示教器的维护保养

示教器的维护保养项目包括检查按键的有效性,检查急停回路是否正常,检查显示屏是否正常显示,检查触摸功能是否正常,检查程序备份和重新导入功能是否正常,检查有无灰尘、污渍等。示教器的维护保养项目见表6-15。

表6-15 示教器的维护保养项目

维护设备	维护项目	维护间隔时间	是否正常
示教器	检查按键的有效性	每天	
	检查急停回路是否正常	每天	
	检查显示屏是否正常显示	每天	
	检查触摸功能是否正常	每天	
	检查程序备份和重新导入功能是否正常	每天	
	检查有无灰尘、污渍等	每天	

四、清洁控制柜

关断控制柜的旋转开关,切断机器人控制系统的总电源。

清理控制柜内器件时,一定要遵守 ESD 准则工作,须带防静电手环或相似器件。控制柜内的电气器件对静电十分敏感,不按标准操作有可能会损坏电气器件。

清洁控制柜内器件时,只可使用吸尘器,不得使用压缩空气,放置灰尘进入电气器件内。

1.冷却循环系统的清洁

(1)检查控制柜的密封条和线缆进线口的密封,确保灰尘和水汽不能渗透到控制柜内;

(2)检查控制柜的接插件和线缆,确保连接可靠无破损;

(3)拆下控制柜下部进气口的滤网,使用毛刷清洁滤网,清理完毕后装回原处;

(4)打开控制柜背面板,拆下控制柜背面出风口的滤网,使用毛刷清洁滤网,清理完毕后装回原处;

(5)检查冷却循环系统的风扇,如需清理风扇,则使用吸尘器清洁风扇,注意不得使用压缩空气。

上述步骤完成后,装好控制柜,打开旋转开关,检查风扇是否工作正常,无误后,关闭旋转开关,完成控制柜冷却循环系统的清洁。

2.控制柜内的清洁

(1)控制柜内清洁时,须佩戴放静电手环或相似器件;

(2)按照从上往下,先正面后背面的顺序依次清洁控制柜内的电气器件;

(3)控制柜内只可使用吸尘器进行清洁,不得使用压缩空气;

（4）清洁电气器件时,要注意连接线缆,不得扯断或拉松电线;

（5）更换已损坏或看不清楚的文字说明和铭牌,补充缺失的说明和铭牌。

3.示教器的清洁

（1）清洁前,一定要关闭示教器;

（2）使用软布蘸温水或清洁剂仔细清理示教器的触摸屏和按键,请注意,温水和清洁剂不得过多,防止进入示教器内部;

（3）不得使用硬物清理示教器,以防损坏触摸屏。

任务三　工业机器人零部件的更换

一、控制柜部件的更换

1.控制柜部件更换的要求

（1）切断电源 5 min 后再更换控制柜部件。更换期间,不要触摸接线端子,否则有触电的危险。

（2）维修时,在总电源(闸刀开关、开关等)控制柜及有关控制箱处贴上"禁止通电""禁止合上电源"等警告牌。

（3）再生电阻器是高温部件,不要触摸,否则有烫伤的危险。

（4）维修结束后,请不要将工具遗留在控制柜内,确认控制柜的门是否关好。

2.伺服单元的更换

（1）关闭主电源 5 min 后开始操作,其间绝对不能接触端子。

（2）取下伺服单元连接的全部电线。

（3）取下伺服单元连接的地线。

（4）取下安装伺服单元上的 4 个螺钉。

（5）握住伺服单元将其取出。

（6）安装作业与拆卸作业相反,安装单元,安装插头。

3.开关电源盒的更换

（1）关闭主电源 5 min 后开始操作,其间绝对不能接触端子。

（2）取下开关电源盒的全部电线。

（3）取下接地线。

（4）取下安装开关电源盒的 2 个螺钉。

（5）握住开关电源盒将其取出。

（6）安装作业与拆卸作业相反。

4.系统主机单元的更换

（1）关闭主电源 5 min 后开始操作,其间绝对不能接触端子。

（2）取下系统主机单元的全部电线。

（3）取下接地线。

（4）取下安装系统主机单元的 4 个螺钉。

（5）握住系统主机单元将其取出。

（6）安装作业与拆卸作业相反。

5.接触器等元件的更换

（1）关闭主电源 5 min 后开始操作,其间绝对不能接触端子。

（2）取下接触器等电气元件的全部电线。

（3）握住接触器用一字螺丝刀翘起下面的白色卡子将其取出。

（4）安装作业与拆卸作业相反。

二、电池的更换

当电池电量不足报警或使用 1 000 h,必须立即更换电池,以防止数据丢失。电池的安装位置如图 6-30 所示。

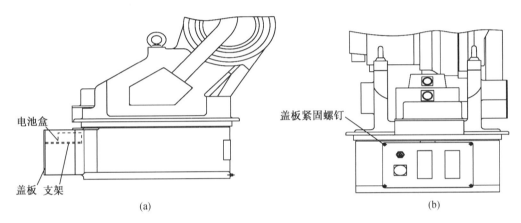

图 6-30　工业机器人上的电池安装位置

通常机器人使用锂电池作为编码器数据备份用电池。电池电量下降超过一定限度,则无法正常保存数据。电池每天 8 h 运转、每天 16 h 停止工作的状态下,应每 2 年更换一次。电池保管场所应该选择避免高温、高湿,不会结露且通风良好的场所。建议在高温 20±15 ℃ 条件下,温度变化较小,相对湿度在 70% 以下的场所进行保管。

更换电池的步骤如下,如图 6-31 所示。

（1）关闭控制柜的主电源。

（2）拆下盖板,拉出电池组,以便更换。

（3）把电池组从支架上取下。

（4）把新电池组插在支架空闲的插座上。

（5）拔下旧电池组。注意:为防止编码器数据丢失,必须先连接新电池组,再拆旧电池组。

（6）把新电池组装在支架上。

（7）重新盖好盖板。安装盖板时,注意不要挤压电缆。

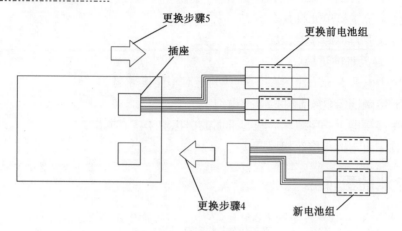

图 6-31　更换电池的步骤

一般按照上述顺序操作,更换电池时,请在控制装置一次电源的通电状态下进行。如果电源处于未接通状态,则编码器会出现异常,此时,需要执行编码器复位操作。已使用的电池应按照所在地区规定的分类规定,作为"已使用锂电池"废弃。

三、零点校准

零点位置校准是将机器人位置与绝对编码器位置进行对照的操作。零点位置校准是在出厂时进行的,但如果发生零点位置偏移,须再次进行零点位置校准。在更换部件前,须建立确认程序,确认零点位置是否发生位置偏移。再次进行零点位置校准时,可利用此程序对零点位置数据进行修正。

特别是在下列情况下,必须利用程序再次进行零点位置校准。

(1)改变机器人本体与控制器的组合时。

(2)更换电池、伺服电机时。

(3)存储内存被删除时(换主接口板、电池耗尽时等)。

(4)机器人碰撞工件,零点偏移时。

在校正机器人时,需要将各轴移动到一个定义好的机械位置,即是机械零点位置。这个机械零点要求轴移动到一个检测刻槽或划线标记定义的位置。如果机器人在机械零点位置,将存储各轴的绝对检测值。

在示教器上进行校准操作之前,需要先确认机器人的六个轴都在标记的零点位置上。

ABB 机器人六个关节轴都有一个机械原点的位置。在以下情况下,需要对机械原点的位置进行转数计数器更新操作。

(1)更换伺服电机转数计数器电池后。

(2)当转数计数器发生故障,修复后。

(3)转数计数器与测量板之间断开过以后。

(4)断电后,机器人关节轴发生了移动。

(5)当系统报警提示"10036 转数计数器未更新"时。

本 章 小 结

正确的维护作业,不仅能使机器人经久耐用,对防止故障及确保安全也是必不可少的,应遵照规范的维护间隔和维护项目对工业机器人进行维护保养。

工业机器人机械结构的日常维护保养主要是对各个机械臂进行油脂的补充和更换,包括 J1 轴减速器油脂补充和更换、J2 轴减速器油脂补充和更换、J3 轴减速器油脂补充和更换、J4 轴减速器油脂补充、J4 轴交叉轴承油脂补充、J5 和 J6 轴减速器油脂补充、J6 轴齿轮箱油脂补充。

工业机器人电气系统的日常维护保养包括控制柜和示教器的维护保养,其中控制柜的维护保养包括控制柜身维护保养、风扇维护保养、供电电源电压的确认、缺项检查和急停按钮的维护保养等。

工业机器人零部件的更换是机器人维护保养过程中常见的操作,主要包括控制柜部件的更换、伺服单元的更换、开关电源盒的更换、系统主机单元的更换、接触器等元件的更换和电池的更换。

【习题作业】

1. 如何进行工业机器人工具的周期保养与清洁?
2. 机器人日常保养的内容有哪些?
3. 简述工业机器人上减速器油脂补充步骤。
4. 简述工业机器人上减速器油脂更换步骤。
5. 简述工业机器人上电池更换步骤。